心灵吸引力法则

杨 安⊙著

中国财富出版社

图书在版编目（CIP）数据

心灵吸引力法则／杨安著．—北京：中国财富出版社，2017.1

ISBN 978 - 7 - 5047 - 6370 - 9

Ⅰ.①心…　Ⅱ.①杨…　Ⅲ.①成功心理—通俗读物　Ⅳ.①B848.4 - 49

中国版本图书馆 CIP 数据核字（2017）第 000909 号

策划编辑　单元花	**责任编辑**　单元花		
责任印制　方朋远	**责任校对**　孙会香　孙丽丽　张营营	**责任发行**　邢有涛

出版发行　中国财富出版社	
社　　址　北京市丰台区南四环西路 188 号 5 区20 楼	**邮政编码**　100070
电　　话　010 - 52227588 转 2048/2028（发行部）010 - 52227588 转 307（总编室）	
010 - 68589540（读者服务部）　　　　　010 - 52227588 转 305（质检部）	
网　　址　http://www.cfpress.com.cn	
经　　销　新华书店	
印　　刷　北京京都六环印刷厂	
书　　号　ISBN 978 - 7 - 5047 - 6370 - 9/B · 0519	
开　　本　710mm×1000mm　1/16	**版　　次**　2017 年 1 月第 1 版
印　　张　15.75	**印　　次**　2017 年 1 月第 1 次印刷
字　　数　216 千字	**定　　价**　36.00 元

前　言

现在你是谁不重要，重要的是你想要成为谁。无数事实在验证着这个观点——你现在的处境和状态如何并不重要，关键是你内心希望成为一个什么样的人，希望拥有怎样的生活。若是胸无大志，那你这辈子也不会有什么大成就；如果你十分希望成功，那么很可能你的理想会在未来的某一天成为现实。听着很玄妙，对吗？其实，这都是心灵的吸引力决定的，所有的秘密就潜藏在你的体内，决定着你的命运。

人的心灵总是与现实互相吸引，这种引力无时无刻不在以一种人们难以察觉的、下意识的方式进行着。正是你的吸引力帮助你取得了成功，而成功的你，将会产生更多更大的吸引力。

你若留心观察就会发现，那些抱怨、不满、焦躁或愤怒，大都来自那些平凡庸碌者，他们在心里相信，自己注定会平凡庸碌。而大凡成功者，则都会拥有积极乐观的心态，他们会坚定地相信自己是优秀的，这种相信让他们步入"成就—积极—再成就"的良性循环。

这就是心灵的吸引力。是的，一切源于你的希望。成功、快乐、幸福、美好……你希望，你掌握，你运用，你就能拥有！

希望是引爆生命潜能的导火索，是激发生命激情的催化剂。当你坚信能改善自己的生活状况时，心灵的吸引力就能茁壮滋长。希望是原动力，当你想要

一样东西，想要做成一件事，你心中的吸引力，就能帮助你将所希望的吸引过来，使你达成目标。

我们许多人都没有把心灵的吸引力投注在明确的目标上。如果没有特定的目标，心灵的吸引力很快便会分散而削弱了。但如果有一个明确的目标，心灵的进取心便会形成一股强大的力量，帮助我们成功。

心灵的吸引力有如水蒸气。水蒸气如散入开阔的大气中，便蒸发而消失了；如灌注于斗室中，能使人感到闷热难受。但如利用蒸气来发动引擎，却能推动重达千吨的火车。

心灵的吸引力也是如此。它可能从你身边溜走，消失于无形，你因此会颓丧而消沉；它也可能困你于方寸之中，令你焦躁而又倍感挫折。但如果运用它来积极追求希望目标，却能帮助你实现一切美好愿望。

那么，怎样培养和发展心灵的吸引力呢？

本书共设计了八章，从心灵吸引力普适律、创造你的被需求度、提升你的正向能量到拉近心与心的距离，从识别和揭穿伪引力、职场的吸引力法则、从零开始塑造引力到如何增强你的气场，全方位地进行阐述，辅以各种对应的方法，让你轻轻松松地通过对心灵吸引力的提升，更自如地掌握自己的命运，转不利为有利，化危机为转机；让你能在冷冽的世事中保护自己并如鱼得水、游刃有余，拥抱更大的成就、智慧和幸福！

的确如此——当你渴望成为一个什么样的人时，渴望获得什么样的生活时，心灵的吸引力就会同时发挥效用，帮助你勇往直前地抵达目的地。不过，你要明白，这些绝非命运的安排，而是你改变自己的结果。

作 者

2016 年 7 月

目　录

第一章

心灵吸引力普适律

部分定律：想成为万人迷很难

"为什么我已经做得够好了，还是不能够让大家都认可？"你的心中是不是常有这样的疑惑？其实别人对你有意见是很正常的事。"横看成岭侧成峰，远近高低各不同。"世间任何事物都是这样，从不同的角度看问题，就会看到不同的方面。这就是部分定律。人们看事物，看到的都只是部分，再经过不同的思维加工判断后，肯定就会得到不同的评价。所以，你不能期待所有人都喜欢你。

假如所有人都说你好的话，那么其中一定有因某些原因而被迫如此的人。回忆一下，当你的老板做出决定后，全公司的人表面上鼓掌欢迎，可是不是总有那么几个人持反对意见呢？就连《选举法》也不会要求候选人全票才可以当选。这说明，一个人做任何事都不会得到所有人的赞同，所以没有必要去强迫自己成为万人迷。

从表面上来看，成为万人迷并没有什么害处。但是，得到别人的爱、别人的认可，是要付出代价的。为此，你不得不做一些违心的事情，目的仅仅是得到别人的赞赏。甚至有时我们不得不牺牲自己的尊严而得到别人的称赞。当得到别人的认可成为你任何行为的动力时，这种心态就将有害无益。

在现实生活中，很多人常常为同学一句无意的嘲笑，或为工作中同事一次无心的抱怨而闷闷不乐，甚至开始彻底怀疑自己、否定自己。很多人也常在获

得了一定的认可后希望获得更多的认可。所以，他们的一生常常会为寻求他人的认可而活在爱慕虚荣的牢笼里面。事实上，这也就流露了需要征得他人的认可和同意的虚荣心理：你对我的看法比我对自己的看法更重要。

他们因此容易把非常多的时间用在了努力征得他人的认同上，或者说用在了担心他人不认同自己做的那些事情上。于是，寻求他人的赞许就会成为一种必需而不仅仅是一种渴望。

如果一个人仅仅是渴望得到他人的赞许或同意，那么，一旦获得了他人的认可，他就会感到幸福、快乐。但是，如果执着于寻求他人的赞许或认同时，这种无法摆脱的虚荣心，会让他在没有得到它时，就感到身价暴跌。这时候，自暴自弃的因素就会潜入进来。

然后，征求他人的认同也会成为他的一种"必需"，他就会把自己的一大部分交给他人。这种征得他人认同的虚荣心极其有害，会使人事事必须请示他人而失去主见。

这样的虚荣心，注定会使他的人生面临许多痛苦和挫折。他会没了自己的主见，经不起别人的议论，最后都不知该怎么办，导致一事无成。

同时，他还会感到自己的自我形象是软弱无力的，是没有社会地位的。

因为，一个人刻意去讨好别人，自己就丧失了做人的尊严和快乐，就会迷失自我，既会让自己活得没有人样，也会让别人从心底瞧不起。于是，到最后，不仅达不到100%的让人满意，反而会连那部分支持他的人也失去。

世界是错综复杂的，人们所面对的人和事总是多方面、多角度、多层次的。每个人都生活在自己所感知的经验环境中，别人对你的看法大多有一定的原因和道理，但不可能完全反映你的本来面目和完整形象。别人对你的态度或许是多棱镜，甚至有可能是让你扭曲变形的哈哈镜，你怎么能让人人都喜欢你呢？

这种想要成为万人迷的不切合实际的期望，只会让你背上沉重的包袱，让你因此顾虑重重，活得太累，给你带来种种痛苦和挫折。

所以你大可不必盲目地去试图讨好所有的人，那样既不现实，也让自己活得很累。更何况，人活在这个世上，并不是要成为万人迷。你是要活出自我人生价值的，而不是活在别人的评论和看法里的，千万别因为想要成为万人迷，而迷失了自己人生的方向。

杨安谈心灵吸引力

◆如果你期望人人都对你感到满意，你必然会要求自己面面俱到。不论你怎么认真努力地去尽量适应他人，能做到完美无缺，让人人都满意吗？显然不可能！

◆事事都讨好别人，只会让你逐渐丧失独立思考的能力，失去主见和自我。如果你想获得幸福，你必须将这种征得他人认同的虚荣心从你的生命中根除掉。

◆不去祈求成为万人迷，可以给你带来很多显而易见的好处。你会发现自己不轻易发怒，不会感到被孤立，也不会千方百计、绞尽脑汁地去迎合别人，来换取别人的认同。

偶然定律：不经意间被吸引

所谓偶然，是指事物发展过程中的不确定性。它是事物发展过程中呈现出来的某种突如其来，是可以这样出现又可以那样出现的、不确定的趋势。

偶然是你与周遭世界随机互动所产生的，是飘忽不定的。

你走出家门，任何事情都可能发生：你可能遇到一个老朋友，也可能被一辆疾驰的轿车溅了一身泥；可能看见一只黑猫，也可能在人行道上捡到一张百元大钞；可能不经意间吸引到他人，也可能被他人、事物吸引。这些事情根本无法预料或预先准备，就这样发生了。

生活中有很多的偶然，偶然的幸福、偶然的感伤、偶然风平浪静、偶然心潮起伏……而每一个偶然都可以成为思维的起点，推动成长的步伐。于是，很多人都寄希望于偶然，偶然的幸运、偶然的机遇、偶然的成就。

但是，一般来说，但凡在世界上取得成就的人，往往不是那些幸运之神的宠儿，反倒是那些"没有偶然的机会"的苦孩子。因为，"偶然的机会"永远是弱者的推托之词，但凡卓越人士，都是命运的指挥者。

很多失败者都认为，他们之所以失败，是因为未能得到别人所具有的偶然的好运，没有人帮助他们，没有人提拔他们。他们会对你说，好的位置已经没有了，高等的职位已被抢走了，一切好的偶然的机会都已被他人捷足先登，所以他们毫无偶然的良机了。

但有骨气的人却不会推托。他们只是努力工作，他们不哀叹埋怨。他们只是迈步向前，不等待别人的援助。他们依靠的是自己。世界上需要而缺少的，正是那些能够制造机会并牢牢把握的人！

生活中，我们往往只想摘取偶然的玫瑰，反而将近在脚下的花草踏坏。在你以为出路在于外界的偶然时，你是注定要失败的。

心理学指出：当我们说自己相信运气时，其实就是说我们相信自己所不能控制的因素。然而，如果有偶然的运气控制这些因素，我确信一定有人会拒绝这种一切操之在我的感觉。因此相信运气不过是个偷懒的借口罢了。

因此，不要相信偶然的运气。生来就好运或生来就不好运，都是愚人的借口罢了。许多好运是由勤勉和正确的判断形成；运气不好，往往是不够努力或观察力不佳的结果。

坐等运气的人，往往以空虚或灾难临头收场。他们也许会在一个偶然的机会里暴富，但这种繁华很容易变成过眼云烟。

赌徒是运气的忠实信徒，他们必须靠手气决定输赢，这样的人生简直是场梦魇，他们对前途永远茫然，永远无法掌握自己。

如果一个人相信偶然的运气会从天而降，他就会不断地拒绝各种成就的机会，因为那些成就的机会都不够好，他所要的是大名厚利、高职位，他不屑从基层起步。我们可以想象，不久他就再也没有任何成就的机会了，而他的一生很可能就这样耗掉。一味相信运气，使这个人丧失许多成就的机会。

真正想成功的人，会把偶然的运气撇在一边，抓住机会，不放过任何让他成功的可能。他不会等待偶然的运气护送他走向成功，而会努力换取更多成功的机会。他可能会因为经验不足、判断失误而犯错，但是只要肯从错误中学习，等他逐渐成熟后，就会成功。

真正想成功的人，不会只是坐下来怨天尤人，埋怨偶然的运气不佳。他会检讨自己，再接再厉。

事实上，你的偶然的机会只会包裹在你的人格中。你成功的可能性，只会在你自己的生命中，就像未来的参天大树的种子隐伏在野草灌木丛中一样。你应该牢记，你的出路就在你自己脚下。每个人，只要有为目标而奋斗的精神，就有获得巨大的成功的可能。

在一个陋巷中出生的孩子，可以成为法官和律师；穷孩子可以成为商界巨子，成为大银行家、大企业家；铁路员工可以成为铁路局长。

很多人成功时，总是谦逊地说："我运气真好。"但我们应该知道，经验与判断力才是他们的利器。

　　从商和从政的人往往奇招百出，让人目不暇接，然而他们私底下费了多少功夫，一般人并不了解。一项新产品的问世，事前需要经过极周密的市场调查，它的成功绝非偶然；一个政治人物的新政诉求，也是长时间明察暗访后，才归纳出民意来。灵感不是突如其来的偶然，而是用尽心思而迸出来的火花。

　　人间处处是成功的机会，但只有那些做好准备的人才能将其抓住并加以有效地利用。期待明天或不久之后出现偶然的好运气，尤其是期待别人为你制造偶然的好运气，是不切实际而且必然失败的想法。这样的想法只会磨灭一个人的进取心，让他成为一位平庸得不能再平庸的人。

　　天上不会掉下馅饼，掉下的往往是陷阱。人生不是一场游戏，偶然的运气在一个人的一生中产生的作用微乎其微，如果你相信偶然可以主宰人生，那么，你就会成为生活与命运的傀儡。

　　只有依赖自己的努力、自己的才华、自己的决心、自己的信念，才能拥有照亮前途的曙光，才能创造出自己的成就。

　　相信偶然的运气和不经意的吸引，远不如相信你自己的勤勉。

杨安谈心灵吸引力

　　◆每个人都在经营自己的人生，实现人生的价值。有的人活着有价值、有意义，不是因为偶然的运气天平倾向于他们，而是他们更相信自己，更敢于在逆境中迎接挑战。

　　◆勤勉与判断力强的人没有暴起暴跌的危险，他们的成功是持久而可靠的。

　　◆只有浅薄的人才相信偶然的运气，坚强的人相信凡事有果必有因，一切事物皆有规则。要想怎么收获，先想怎么行动，这比坐等好运从天而降可靠多了。

单向定律：许多吸引力是单向的

人们总希望事情的发展如自己设想的一样好，但事情的发展往往不遂人意。有的事达到了目的，有的事部分达到目的，有的事达不到目的。如果不充分了解到吸引力的单向定律，就容易剃头担子一头热，陷入盲目乐观的境地，就像单相思一样。

生活中，有几个人没有体验过被吸引的单相思之苦？童年和青少年时期迷恋的对象无果而终，成年后我们就转而寻求完美的伴侣。但是当我们被吸引时，往往都只是单向的。

从小，我们就寻求父母给予的无条件的许可，这是情感安全的终极法宝。如果在孩童时期得到过这种恩惠，那么我们就想再次拥有；如果像不少人那样小时候无缘享受，我们仍然希望在一个充满不确定，并且常常缺少关爱的世界里，获得这种温馨的港湾。我们渴望就像自己接受对方一样被对方接纳，这种渴望如此强烈，以至于我们把自己对爱的需要强加到对方身上，而忽视许多吸引力是单向的这一事实。

最悲哀的情况是，这种单向的感情投入到了我们甚至不认识的人身上。影视明星经常因为自己的表现或者所扮演的角色而成为受追捧的对象，狂热的崇拜者经常会侵犯他们的隐私，这些粉丝坚信如果有机会，他们就能让影星对自己产生同样的感情。这些折磨人的情感有时甚至可能会转变成一些异样的举动，比如追捧刘德华的杨丽娟事件。

从死缠烂磨的危险迷恋，再往上一步是在那种难以消亡的失衡感下产生的复杂感情。这种品质经常在遭受虐待的妇女身上看得到，还有那些对一段已经结束的关系依然念念不忘，并且像复读机那样反复倾诉的人。我听到过很多这样的故事："他伤害了我，离开了我，但我仍然爱着他。"似乎宣称对某人不渝的忠诚就能美化这段关系，否则的话可能会被误认为自己是丑陋的受虐狂。

"一见钟情"是另一个流行但却盲目的幻想，很容易会把我们置于失望的境地中。这是一种突然迸发的感情波，是建立友谊然后发展到更加激动人心层面的过程。后者需要时间、专注以及某种程度的理性思考。一见钟情可能会让我们体验到一种冲动和幻想交织的情感，并不意味着"坠入爱河"，而是就像在黑暗中走向悬崖一样，前途未卜。

沉迷于被吸引的单向情感中，感受可能很强烈，就像任何形式的孤独一样，但却不大可能持续，也不太可能产生任何有用的行为。即使你费了很大心机，花了很大精力，其结果亦不理想或适得其反。往往在遇见一宗出乎意料的事情时，还可能会失去理智与平静，而做出一些反常的举动来，不自觉地困扰了自己和对方。

那么，如何走出被吸引的单向的怪圈，如何正视这份渺茫的感情，从虚幻的遐想中解脱出来呢？

冷静对待自己的炽热感情。当你对某人产生强烈的感情时，请先冷静一下：强烈吸引你的人，可能只是某种虚幻的爱情偶像。

克服感情错觉心理。单向被吸引者由于对倾慕对象一往情深，希望得到对方的爱情动机十分强烈，常常会把对方的言行举止纳入自己的主观需要来理解，从而造成对对方的认知偏差。由于爱对方，于是觉得对方也一定爱着自己，觉得他（她）的一言一行都好像在向自己示爱，这是人们常犯的所谓

"爱情错觉"。

进行情感转移。指把这种情感转移到工作中或其他朋友身上，成为自己学习和生活的动力，通过自身的进步和成功，达到心理上的平衡、精神上的安抚。

要敢于自表。单向被吸引者的困扰与自己的性格有着密切的关系。如果一个人过于内向或遇事犹豫不决，在面临爱情这样的重大问题时，难免顾虑重重、躲躲闪闪，结果带来很大的情绪困扰。对于这种情况，可以用直截了当的方式，表达出自己心中的情感。如果意中人接受你的爱当然是最好的。如果他（她）找出种种缘由劝慰你放弃对他（她）的爱，你就知道你们情缘已了，但交个普通朋友他（她）应该不会拒绝。这样，你的苦恼也可解除不少。如果对方拒绝了你，你可以大哭一场，或大怒一场，这对你来说也是人生的一次磨炼和情感体验。

提升自己，与对方并驾齐驱。如果吸引你的人各方面都比你强，你要想获得对方的爱，就得以对方为目标，以对方为动力，努力提升自己。如拜伦、济慈、莱蒙托夫、瓦特、契诃夫、莫泊桑等人在年轻时都曾有过"单相思"的经历，而正是失恋后的悲伤、沮丧和绝望，促使他们发愤图强，走向成功。

事实上，单向的吸引大多"寿命"不长。据统计，平均每次单相思的持续时间仅为 36 天，可以说十分短寿，绝大多数人能很快走出阴影。

单向被吸引是吸引力的常见现象。单相思者虽然会体验到一种快乐，但更多的会体验到情感的痛苦，因为他们不能感受到对方爱的温馨。因此，不要单方面把情感强加于人，一旦发现自己是单向被吸引，就应该勇敢地抛弃幻想，减少关注，用理智去主宰自己的感情，通过思想感情的转换和升华来获取心灵的丰收。如此，你的吸引力也会自然而然地增长。

◆要相信，爱上一个不爱自己的人永远不会有幸福可言。如果你真的爱对方，就应该尊重对方的选择。

◆单向被吸引常会使当事人想入非非，自作多情，陷入痛苦的境地，处于空虚、烦恼，甚至绝望之中。如果处理不好，对以后的恋爱、婚姻生活都有消极的影响。

◆一旦你全身心投入到一项更有意义的事业中去的时候，你定会觉得过去因单向被吸引而痛苦不堪是完全没有必要的。

双向定律：情感相互间的同频共振

我们的世界是精神和物质的缘聚。

能量组合了这个世界，组合了每种事物。

每种事物都有它与众不同的振动频率，所以才出现了高山的雄壮、大海的辽阔。花花草草、枝枝叶叶，以及人的心念都以不同的振动频率存在着。

易怒的人有一颗狂躁的心，平和的人有一颗宁静的心。狂躁容易引起破碎，宁静可以创造和谐。

振动频率相同的事物，会互相吸引并引发共鸣。

心灵是这个世界上最强的"磁铁"，可以对整个宇宙发出呼唤，能把和我们的思维振动频率相同的东西吸引过来。

在现实生活中，我们发现，人与人如果能主动寻找共鸣点，使自己的"固有频率"与别人的"固有频率"相一致，就能够使两者间增进情感，结成朋友，这个现象就是心灵吸引力的双向定律：情感的同频共振。

物质在 1 秒内完成周期性变化的次数，叫作频率。频率相同或接近，就叫同频。把"同频"的概念运用在心灵世界中，可以理解为相同的属性、相同的信念、相同的特质、相同的价值观、相同的追求、相同的理想、相同的信仰等。

当实现"同频"时，"集体事件"就发生了——候鸟的南北迁徙、角马的长途跋涉，这些生物相同的求食愿望，让彼此的心凝聚，便形成了大规模的集体迁徙；中国古代的大泽乡起义、李自成的农民起义，也是贫苦农民求生的心发生了"同频共振"，形成了波澜壮阔的起义行动；北京中关村、深圳的华强北都是近年崛起的电子业集结地，这是电子业老板们的集结与共振。

围绕一个中心点做往复运动，或以某一基准值做上下交替变化，就叫振动，或叫振荡。我们去医院做检查，所得心电图、脑电图，其中的波浪线就是频率线，医生依据线的形状判断患者的健康状况。

一切物质都是运动的，只要运动，就有振动，只要振动，就有振动频率。所以，一切物质，都有自己固有的振动频率。当外界信号的频率与自身振动频率相同或接近时，振动的幅度（振幅）就会加大，这种现象就叫共振。

在闹市里，当你全神贯注地想一件事时，你会忽略身边的嘈杂；当你注意到声响的时候，你会感觉嘈杂声越来越大，甚至让你无法忍受。

同样的环境，为什么刚才思考问题时没有注意噪声？那是因为，当你对噪声越来越关注的时候，"同频共振"发生了。你心中的噪声频率，越来越与闹市噪声的频率接近，所以，你会听到人的说话声、汽车的发动机声、建筑工地的机器轰鸣……在火车站附近生活多年的人，渐渐习惯了火车的轰鸣，而一个刚搬来的居住者，则很难适应火车的噪声。

两个或多个振动频率相同的物体，当一个发生振动时，剩下的物体也随之振动，这就叫"同频共振"。"同频共振"的威力比个体振动强上十倍，甚至百千倍。

一场演唱会是"同频共振"：演唱者和听众的心灵共鸣，使他们欢聚一堂。

一次婚姻是"同频共振"：新郎和新娘彼此心灵碰撞出爱情之火花，使他们走到一起。

一个慈善机构的成立是"同频共振"：机构中成员彼此爱心的传递碰撞，使他们相聚。

逛商场买回的服装，原来是很久前就相中的款式，当走至商场衣架前，看到这件衣服，像是久违的"朋友"，它是那样的亲切，你毫不犹豫地买下它。你现在住的房子、开的车子、你读的书、选择的家具、栽种的花草、领养的宠物，等等，这一切都是心灵的吸引力在发挥作用。

同频共振是获得能量的一种有效方式，可以说，强大的能量来自与其他物体的同频共振。同频共振可获得巨大能量，同频共振的范围越广，吸收的能量也就越多，同频共振的范围越狭窄，获得能量的机会就越小。

微波炉能够在很短的时间内将食物加热，原因是食物中水分子的振动频率与微波基本同频，微波炉加热食品时，炉内产生很强的振荡电磁场，使微波炉中的水分子发生共振，将电磁辐射能转化为热能，从而使食物的温度迅速升高。

三个臭皮匠，赛过诸葛亮。这也是"同频共振"的结果。一个皮匠抵不上诸葛亮，两个皮匠抵不上诸葛亮，当三个皮匠集思广益，充分发挥潜能时，集体的智慧就发生了"质"的变化。

在人际交往中，如果一个人与另一个人兴趣相同、脾气相投、看法相近、目标一致，也就是共鸣点多，那么他们就会成为一对好朋友。这也是双向定律的"同频共振"现象，是基于心与心亲密接触、相撞而产生的强烈共鸣。因此，人与人之间，如果能主动寻找共鸣点，就能够增进感情，达成共识，发生"同频共振"。

要做到这点并不是很神奇很难，重要的是掌握以下几种方法。

1. 用语言产生"同频共振"

在人际交谈中若能插入一些引起对方共鸣的话，就能一下子缩短双方的距离。

能够产生"同频共振"的交谈内容有很多，比如共同的经历、共同的爱好、共同的体验、共同的观点，甚至共同的敌人，都可以成为你与别人交谈的内容。这些话语一出口，便可以拉近双方的感情距离，产生强大的亲和力。话语中的同频共振越多，越能让双方联为一体。

2. 用相关活动产生"同频共振"

如果你与别人穿同样的服装、玩一样的游戏、干同一种活儿，即使对方立场与你不同，也会对你产生认同感，逐渐和你亲近起来，所谓"爱屋及乌"就是这个道理。相同的步调是友谊的纽带，人们可以通过同频共振的行动而趋于思想一致、感情一致。

3. 响应积极频率

俗话说："同吃一锅饭的是好朋友。"几个人同甘共苦，同频共振，感情自然深，时间久了便产生朋友式的感情。即使是两个从未深交的陌生人，如果

其中一个积极响应对方的"频率"，让对方产生共鸣，他们也会很快成为亲密好友。

4. 寻找共同部分

哲学中讲，任何事物都有共同的联系。你如果想赢得朋友，就应该把你们之间的共同部分寻找出来。

"同频共振"动人心。如果运用得法，它会让你在茫茫人海中，寻得更多与你"固有频率"相近或相同的朋友，寻得更加深厚的感情。

杨安谈心灵吸引力 ……………………………………………………………………

◆两人一般心，无钱堪买金；一人一般心，有钱难买针。

◆共鸣点有哪些呢？别人的正确观点和行动、有益身心健康的兴趣爱好等，都可以成为你取得友谊的共鸣点、支撑点，为此，你可与之沟通，以便取得协调一致。

◆当别人飞黄腾达、一帆风顺时，你应为其欢呼喜悦；当别人遇到困难、不幸时，你应把别人的困难、不幸当作自己的困难和不幸……这些都是"同频共振"的应有之义。

差异定律：同性相吸，异性相斥

宇宙是以"吸引定律"为基础的。吸引定律，是宇宙中最强大的定律，它的原理就是"同性相吸，异性相斥"。

万物之间是普遍联系的，这种普遍联系实际上就是"吸引"。我们知道，磁铁可以吸引另一块磁铁，这种吸引源于它们之间"类"的相同。

吸引建立在同样性质的事物之间。如果你想要实现你的梦想，为了接收到它的信号，你必须和你的本质精神能量和宇宙能量达成一致。这些能量是由你带着情感色彩的想法和观点所产生的。积极的期望，附以强烈正面的情绪支持，并与之和谐振动，才是实现梦想的关键点。

所以，"同性相吸，异性相斥"的核心内容是：你的感觉、你的思想和你所面对的现实，它们之间从来都是一致的。正确地使用你的意识，就可以将自己想要的东西吸引过来为你所用。反之，则会将你想要的东西排斥、赶跑。

茫茫宇宙，在日常生活中，到处都有"同性相吸，异性相斥"的例证，如果你了解它，你就会像是一块磁铁，吸引类似的思想、类似的人、类似的事情以及类似的生活方式。

很多人想不通的是：为什么我整天都在想我不要那样东西，那样东西却偏偏出现在我面前？大多数人之所以总是面对自己不尽如人意的现实，就是出于对吸引定律的无知。"同性相吸，异性相斥"的原理，从来不管你认为某件事物是好是坏，也不管你是想要还是不想要它，它只是回应你的想法。

因此，当你看到你想要的东西，并从心底里接受它，你就召唤了一个思想，吸引定律也就会响应你的这个思想。但是，当你看到你不想要的东西，并在思想中排斥它的时候，你并没有把它推开。相反，你召唤了一个你不想要的思想，而吸引定律就会把你不喜欢的东西吸引到你的身边来。这是一个以吸引力为基础的宇宙，"同性相吸，异性相斥"总是在起作用，不管你是否相信它，或是否理解它。

学习运用"同性相吸，异性相斥"是一件很有趣的事情，因为你会总是期待地观察，等待你想要的事情出现，你可以刻意地运用这个定律来创造你的未来。"同性相吸，异性相斥"已经时刻在为你工作，不管你是否意识到，你正在吸引相关的人、状况、工作等很多东西到你的生活中。一旦你认识到这个定律，而且知道它是怎样工作的，你就可以刻意地运用它去吸引你真正想要的东西到你的生活中来。

怎样运用"同性相吸，异性相斥"的原理来改变现状，实现你的心愿呢？

"同性相吸，异性相斥"强调个人的主观能动性，特别是强调人的思想和信念对每个人周围的"现实世界"拥有决定性的影响。所以，改变一个人的"现实世界"，实现愿望，首先要从改变头脑中的思想做起。

要控制自己的心念（思想），使之专注于有利自己的、积极的和善良的人、事、物上，而不是消极的人、事、物上。这样，你的心念就会把有利的、积极的和善良的人、事、物吸引到其生活中去，而有利的、积极的和善良的人、事、物也会把你吸引过去。

再者，要对"同性相吸，异性相斥"有信心。如果自己认为不行，就不会去做；不做，就不会出现希望的效果；不出现希望的效果，就会认为的确不行，如此陷入"同性相吸，异性相斥"的恶性循环。反之，自己相信一定可以，就会有意识或无意识地采取行动；做了，就一定会有一些希望出现的效果；有了效果，就会增强自己的信心；信心增强，采取行动的意愿就会更加强烈，如此进入"同性相吸，异性相斥"的良性循环。

"同性相吸，异性相斥"可以运用到各个领域。

例如，它会帮助你成为一个受下属欢迎的领导、受学生尊敬的老师、受同事喜欢的工作伙伴。它可以帮助你实现自己的目标，实现你认为自己不可能实现的目标。总之，当你想要实现某一目标时，你就要胸怀美好的希望，对现实世界心存感恩，乐观地看待眼前的一切。从自己的内心开始修造，尽自己的全力，保持良好的状态，以正面积极的力量，把你想要得到的东西吸引过来，如此，你也就能影响到外部世界，从而实现美丽的梦想，收获成功。

杨安谈心灵吸引力 ···

◆人的思想总是和与其一致的现实相互吸引。当你的思想专注在某一领域的时候，跟这个领域相关的人、事、物就会被你吸引而来。

◆你必须对你想要的东西十分清楚，集中注意力在它上面，向它倾注积极的关注和努力，就这么简单。

◆一个人的心念是消极的或丑恶的，那他所处的环境也是消极的或丑恶的；一个人的心念是积极的或善良的，那他所处的环境也是积极的或善良的。

气场定律：气场与吸引力成正比

你想做游刃有余的成功人士，还是想碌碌无为地过一生呢？显然，每个人都会选择前者。可是，大多数人却不自信："我怎么可能做到呢？""我有那种能力吗？""真的不行，我太渺小了！"……如果你真的这样想，那你这一生都将活在羡慕和自卑的情绪当中。你应该壮大自己的内心，发现自己的优势，提升自己的气场。随着你气场的提升，你的吸引力也会相应增加。

气场，看上去很神秘。其实，只要仔细观察，我们就能发现——气场并不神秘，任何人乃至任何以物质形式存在的东西都会有气场。而从人类的角度来分析，气场其实就是环顾在我们身体周围的微妙能量场。

从微观角度讲，气场可以是一种个人魅力，也可以是某种能力，这种能力能够影响到你周围的所有人。同时，气场还是一种内在的支撑力，它会成为生命旅程上的保护神，使人有一颗强大的心。

从气场的存在形态上来看，也可以将它理解为每个人外在与内在的一种结合，也就是真实的自己和别人眼中的自己，即这两个"自己"的结合。

所以说，气场是人人具备的一种综合能量。举例来讲，如果你身体强壮、精力旺盛、气质非凡，你的气场就会很强大，你周围的人就会被笼罩在这种强大的气场之中；反之，如果你精神萎靡不振、灰头土脸、垂头丧气，你的气场就会很弱，对周围的人来说，你的存在感就会很低。

由此可见，气场能够让人们保持昂扬的斗志，即使在困难和挫折面前，也能够保持乐观的心态。这是因为，气场体现了一个人成长过程中的很多特点，包括性格、能力、专业、品位、家庭环境等诸多因素。这些因素经过各种方式的变换，最后会形成气场这种独特的能量。

我们所需要的气场，是一种通过自身正面积极、强大向上的综合魅力，带给周围的人或事的一种有益的影响力。所以，气场就是你的内在力量。气场与你的吸引力成正比。

气场看不见、摸不着，但却能体现在我们的言谈举止中，影响着每个人的生活、工作、情感等。

当一个人拥有积极气场时，他的身心灵就会产生更多的正面吸引力；当一个人拥有消极气场时，他的身心灵就会产生更多的负面吸引力。所以，保持正面气场的持续产生对于自身积极吸引力的修炼具有重要的作用，我们应该学会保持积极气场，尤其是需要学会拥有五种积极气场。

1. 主动

当你什么也不做时，气场中心就没有必要产生更多的气场来供你使用；当你主动做一些事情时，气场中心就会因为你的行动产生更多的气场，这样你的吸引力就会更多、更强大。因此，在生活中，我们不应被动地接受一些事情，而应主动地争取一些事情，比如主动争取职位，而不是等待职位来找我们。

2. 向上

当我们的身心灵吸引力进入气场以后，自身吸引力就会受到其他吸引力的影响，尤其是气场主导吸引力的影响。这时，吸引力自身的特性就会逐渐消失，而呈现出主导吸引力的特性。向上的气场可以让我们不断向前，同样可以帮助我们产生更多的正面吸引力，帮助正面吸引力成为气场的主导吸引力，让我们变得更加积极，让我们的气场变得更加有力。向上的气场实际上是会向更高目标冲击的气场。在生活中，我们应该学会为自己定一些略高于目前实力的目标，这样我们才会不断向前。

3. 执着

执着的气场可以让我们对自己的目标更加坚定，有助于让我们的渴望产生最好的效果。

在我们执着于某件事情的时候，心灵会产生一些促进事情向好的方向转变的吸引力，因为不断地渴望会让我们的气场变得更加强大。拥有执着的气场很简单也很复杂，简单地说，只要你一步一步向前走就可以。而你一定也知道，

一直一步一步向前走本身就是一件很困难的事情。

4. 爱心

爱心是吸引力的本源，当一个人拥有爱心气场的时候，他的气场就更加愿意与其他人的气场接触，解决他人的气场问题，这会促使自身产生更多的正面吸引力，使我们更加积极。

5. 乐观

气场并不是仅仅为了解决某一件事情而存在，而是长期存在的。如果你为一件事情而放弃了乐观的气场，你的气场就会变得衰弱。因为你已经失去了对于未来的信任与渴望，你的气场便会支持你的这种想法，产生较少的吸引力，让你无法信任自己和产生渴望。要记住，在生活中随时保持乐观的气场，你得到的将不仅仅是正面吸引力，还会有更多良好的结果。

积极气场有助于心灵产生正面积极的吸引力，而无论哪一种气场都需要长时间保持，短时间的拥有是不会对我们的生活有太多改变的。同时，我们不能仅仅只是让自己拥有这些气场，而应让这些气场确实发挥作用。只有这样，你的气场才能够由消极气场转向积极气场，气场中的主导吸引力才会由负面吸引力转向正面吸引力，帮助你提升人际关系，战胜各种困难，获得健康的生活，拥有美好的明天，实现人生的理想。

杨安谈心灵吸引力

◆气场可以让你的付出增值，让人生散发七彩光芒。

◆你可能逐渐拥有越来越多的成功，也可能依旧在原地徘徊不前，这一切要看你拥有的是积极气场还是消极气场。

◆无论你选择了怎样的气场，你都会得到相应的吸引力和结果。

确认定律：获取信任是第一步

人人都厌恶虚伪和欺骗，向往人与人之间的真诚与信任。信任是人们交往与合作的前提，也是我们的社会得以有秩序、和谐运转的前提。

如果一个人失去了别人的信任，也就失去了许多机会。在事业上，没有了别人的信任，就不会拥有自我发展的平台；在爱情上，没有了信任，爱人就会离你而去；在人际交往上，没有了信任，你就只能游离于他人之外，永远处于不能和他人相融的尴尬境地。可以肯定地说，一个对获得他人信任漫不经心、不以为然、也不肯努力改善的人注定会成为孤家寡人。

因此，心灵吸引力的确认定律就是获取信任。获取信任是发展的基石，也是我们生活的需要。那么，在日常生活中，我们如何获取信任呢？

1. 有爱心

要用爱心去关怀人。古人常言爱你邻人，就是这个意思。缺乏爱心的人，就算有点金术，也不能达到沟通的目的。

2. 要信守承诺

一个能够言出即行的人，很容易影响到他人，他人也会尊重这一个性。能够信守承诺，正是你的信心和诚意的绝佳表达。信守承诺的个性，别人会受你影响。

3. 诚恳而不虚伪

心理学家曾对 500 余人进行过测试，居前几位的优良品质是正直、坦率、忠诚、真实等；而不良品质主要是不守信用、欺骗、奸诈等几种。

诚恳是人际交往中如金子一般的品质，诚恳的人对待竞争是公开的。竞争时是对手，而等到竞争的胜负确定以后仍然是朋友，这是应该大力提倡的现代人的优良品质。

4. 要耐心地和他人沟通

耐心也是自我控制。在倾听他人说话时，或受到刺激后，对耐心的考验就严峻了。失去耐心，就无法冷静地倾听和理解他人，彼此造成感情伤害和关系冷漠，就没有了沟通。

5. 要就事论事

既然我们的沟通是为了便于合作，就应该把注意力集中在事情上，这件事才是目标。能不能以事为主，将考验你的个性的抗干扰能力。不赞同某人的行为时，应设法让他也以事为主，彼此尽力去除不必要的枝节。

6. 帮助他人不求回报

提供帮助而不求他人回报是一种美德。无私奉献永远是获得他人信任的好办法。

7. 要主动与人沟通

主动和别人沟通，并不是一件简单的事，因为多数人是防守型的。主动出击，意味着要敞开心扉，去一道道地撤除他人的防线。正因为主动出击不容易，在沟通过程中，别人更能感受到你的个性优点，接受你的影响。

8. 对自己要有把握

在自己可以控制的事情上让个性影响他人，也就是让个性建立在自己的特长上。如果以短制胜，让他人感觉你不是量力而行，就适得其反了。

9. 讲实话谈真情

人际交往中能否诚恳，以实换实这点十分重要。给对方一个忠厚的印象，不要居高临下地提问式地讲话。在向对方提出问题时要谦虚一些，不要拿出无冕之王的架势，好像你什么都明白，对方讲什么你总爱插嘴。在向对方介绍自己的来意时，要实事求是地讲真话，不要隐瞒自己的观点。

10. 不可情绪化地负气而中伤他人

无论沟通条件多么恶劣，都要控制自己。人习惯于受到刺激就反击，造成不必要的对抗情绪。你应当控制自己。否则，受到刺激时，极易把自己的坏脾气爆发出来，使人对你产生不好的印象。

11. 寻找共同语言

人的脾气各有不同，主要分为急性格和慢性格两种人。与急性格的人谈话，就要注意开门见山，有什么谈什么，最好能一针见血地点破要谈的重点。慢性格的人就相反，他火上房都不着急，与他的谈话不要太快，要按事物发展的节奏去谈话。

与不同的人谈话，也要采取不同的方法，不能用一个模式进行交谈，要

结合你交谈对象的情况，改变谈话的方式。与乡下人交谈，你不时地抛出本地语言，他们就会感到亲切，像多年没见的老朋友又见面似的。与工人谈话就多谈些工厂里、社会上流行的事。但是，都应是正面的东西。通过这些事引出双方所要谈的问题。同领导谈话，就要注意自己的语言修炼。话语不要太多，点到为止，只要对方能按照自己的意思谈，就不要插嘴，顺其自然地发展。

信任是人际交往的通行证，是友谊与合作的基石。信任是与人相处的纽带，是求得共同发展的起始。信任有着难能可贵的价值。让我们一起通过行动收获开启心门的信任钥匙，迈好合作共赢的第一步。

杨安谈心灵吸引力

◆信任是金，是获得尊重与理解的认知。

◆信任是一种生命的玄机，是夫妻终生相爱的灵魂。

◆信任是友谊的重要空气，如果这种空气有所减少，相互间的友谊也会有所减少。

榜样定律：有没有引力的杠杆

每个人都应该有自己的人生榜样。因为一个正确的人生榜样不仅可以引领我们走上积极的人生道路，还可以为我们的带来精神财富。尤其在今天这个"浮躁"的社会中，因为"精神世界"的匮乏，人们开始慢慢地忽略了那些真正能够让人们获得幸福和成功的东西。所以，我们更应该为自己的灵魂找到一种寄托。这种寄托就是引力的杠杆。就是这些伟大的精神榜样引领我们创造更多的奇迹，成为一个对家庭、国家、社会有贡献的人。

人们常说成功70%靠的是努力，30%靠的是机会。虽然努力在成功当中占据了重要的位置，但如果你能抓住这30%的机会找到一位能够激发你灵感的榜样，一位能够对你的人生规划和处世哲学产生重大影响的伟人，并且学习他的成功，你就更有可能缔造伟大的传奇。为此，你需要时刻充满热情，为找到一个好榜样持续不断地努力。

我见到的许多成功者有一个共同点，那就是他们拥有只属于自己的榜样，拥有他们真心尊敬的导师。即便是上了年纪，在回忆自己的心灵导师——引力杠杆时，他们仍然带着崇敬；如果听别人说到自己导师的名字，他们的脸上会立即露出感恩的表情。

他们从不否认自己的成功受到过心灵导师的影响。你在现实当中尊敬、心甘情愿跟随的导师有几位呢？除了众所周知的伟人之外，你应该在现实中寻找其他导师。要知道，如果你在现实当中找不到能够对你起到深远影响的榜样，那说明你现在的生活相当危险。

你没有值得尊敬的榜样，或者说"心灵导师"，就意味着你的人生没有引力的杠杆，没有明确的目标。你找不到真正渴望的、想要的东西，成就就不会降临到你头上。你要尽快明白游戏的法则：如果你不积极寻求变化的话，你很快就会成为这个社会的废品而被淘汰。也许你现在还没感觉到危机，但危机一旦真的到来，你就成了开水中的青蛙，想跳都跳不出来了。

榜样有着特有的风范，而正是这种特有的风范，将会带领我们提高修炼的速度。榜样本身就是成功者，就有一定的风范，正因为这样，我们才要祝贺他，才要向他学习，这样我们才能快速熟悉，快速进步，在最短的时间内达到属于自己的目标。

中国人总是习惯说，学习雷锋好榜样。这句话充分说明了榜样的作用是伟大的，虽然职场中没有雷锋，但是却有榜样，他们是我们熟悉工作的最好臂助。多向他们学习，多去体会，我们才会在工作中找到一条捷径。

因此，人生当中最重要的，是要遇到帮助自己设定人生高度与宽度以及前进方向的人。当然，能够让你受到启迪、对你的人生发展起到积极影响的人，肯定不是等闲之辈，肯定是目前在某个行业里站在最前沿的人或者具备某一特定才能的人。你要知道，能够提升你的能力，能够改变你人生的目标，能够得到你的尊敬的人，绝对不会消极地躲在某个地方。付出努力与热情去寻找榜样，这是你人生最有价值的一笔投资。就像心理学家说的，没有自己的明确榜样的人，就像是坏了方向盘横冲直撞的轿车一样。

那么，你的榜样到底在哪儿呢？真正值得你尊敬的榜样现在在哪儿呢？

榜样可以是师长、家人、亲友，也可以是名人、邻居。只要他们有专长、有创意、有素养、有追求，都可以成为我们的榜样。学习榜样不是要学习他们如何赚钱，而是要学习他们如何处世、如何为人、如何成就事业。有了榜样，就能努力做到最好。

如果你已经找到了能够激励你的心灵、促进你发展的榜样，你就要积极地向榜样学习，将榜样的热情和不顾一切向前冲的精神、明确的目标意识、所有的实战秘诀，全都复制过来，为自己所用。更重要的是，感受他们的高尚情操和永恒的精神力量。这样，在无形中，你就会从他们身上汲取营养，让自己快速成长起来。

这是一个需要榜样的时代，每一个人都需要一种能够激励我们拒绝平庸、立志进取的精神力量，而成功的榜样，无疑是一种最佳引力的杆杆。通过学习榜样，你就能在此基础上，激发自我效能，重塑崭新的自我，进一步认识自己、提高自己、超越自己，取得属于自己的一番成就。

杨安谈心灵吸引力

◆万事万物皆是如此，想要找捷径，就要从榜样身上去发掘。

◆人的一生不可能没有榜样，有了榜样我们才有学习的目标、努力的标杆、前行的方向。

◆对于每个人来说，榜样都是自己的贵人，因为他们能够激发出人的全部力量。

第二章

创造你的被需求度

物质需求：不仅仅指钱和物

物质需求是维持人类生存的基本需求，主要通过发展经济来满足。维持人的生存，需要拥有一些基本条件，如食物果腹、衣服御寒和房子避雨等。每个人一生下来，就至少有三种基本需求：吃、穿、住。要有饭吃，有水喝，有衣服穿，有被子盖，有房子住，有床睡。能走路之后，就产生了行的需求，要走路，要有车坐（可能是汽车和公交车，也可能是板车、自行车和玩具车等）。随着年龄增长，更多的是用的需求，要有家具用，有厨具用，有能源用，有田土耕，有劳作工具用，有通信工具用，有学习用具用等。

在现代货币化社会，所有这些物质需求也可归结为对货币或钱的需求，因为钱可以购买所有物质。这些看似再平常不过的东西，其实是一个社会运行的基础，更是我们在创造被需求时，首先要考虑的内容。

人的物质需求可概括为如下 5 个基本方面。

1. 吃的需求

吃的需求，其实质是对营养的需求。吃的需求主要包括对粮食、蔬菜、水果和水等的需求。吃的需求是人类的第一需求或最基本的需求，一个人在短期内可以没有穿、住、行和用，但绝对不能没有吃的。"民以食为天""手中有粮，心中不慌""兵马未动，粮草先行"等都是对吃的粮食的重要性的表述。

中国人之所以长期以来保持见面就问"吃饭了吗"的习惯，也是对吃饭重要性的强调。

2. 穿的需求

穿的需求，即对穿的衣物的需求，其实质是对御寒、保暖和审美等的需求。穿的需求包括对衣服、被褥、鞋袜等的需求。穿的需求可以说是仅次于吃的需求的第二需求，在严寒的情况下，它甚至成为维持生存的首要需求。故有官员关心百姓、领导关心下属、父母关心子女叫"嘘寒问暖"。人在贫穷的时候，穿的主要功能是御寒保暖，在越来越富裕的时候，穿的主要功能变成了审美、显示身份、获得自信等，也就是说，穿已超出了物质需求的层面，延伸到精神需求的层面。因而有所谓"人靠衣裳马靠鞍"的说法。因此，人们对穿的需求持续增加，在收入支出中的比重逐步提高。

3. 住的需求

住的需求，即对住的场所的需求，其实质不仅是避风躲雨和睡觉的场所，也是家庭生活的场所，即住房不仅能满足人们的物质需求，也能满足人们的精神需求和成长需求。故有"安居乐业""居者有其屋""安得广厦千万间，大庇天下寒士俱欢颜"的说法。

4. 行的需求

行的需求，即对行的道路和工具的需求，其实质是对快捷和代步等的需求。行的需求包括对行人道、马路、公路、铁路、水路、航线、车站、港口、机场等各种交通场所，以及板车、自行车、公交车、汽车、地铁、火车、轮船、飞机等各种交通工具的需求。只要人们走出家门，去劳作，去玩耍，去交往，就有行的需求。行的快捷方便程度，决定着人们的行动效率，影响着各种行为主体的生产率和收入水平。

5. 用的需求

用的需求，即对用的资源、器具和工具的需求，其实质是对生活工具和生产资料的需求。用的需求可分为两大类：一类是生活工具，如家具、厨具、卫生洁具和康乐工具等；一类是生产资料，如耕地、劳作工具等，当然也有可同时作为生活工具和生产资料的物质，如能源和通信工具等。

虽然每个人都会有物质需求，但是绝大多数人都希望拥有更多的东西，不只是充足可口的食物、漂亮合体的衣服和明亮舒适的住宅等，他们还需要良好的自然环境，需要理财的能力。

良好的自然环境在于人人自觉地去保护环境。而满足人的物质需求离不开钱。教会人们理财，也是你创造被需求度的途径之一。正所谓"授之以鱼，不如授之以渔。"只有懂得理财，才能长久地生财。

理财是我们一生都在进行的活动，积极的理财应该是有目标的理财。由于我们一生中不同阶段的生活重心和所重视的层面不同，理财的目标因而也会有差异。所以在设定理财目标时，必须与人生各阶段的需求配合，在执行理财计划时才不致发生偏差或徒劳无功。

第一，起步（20～24岁）。理财的主要内容除了努力寻找高薪机会并埋头工作，还要广开财源着手投资。投资的目的不在于获利而在于积累资金，即以储蓄为主。此外，可抽出小额资本进行风险投资，目的是取得投资经验。必须存下一笔钱：一为将来结婚，二为进一步投资准备本钱。此时，作为年轻人的保费相对低些，还可为自己投保人寿保险，减少因意外导致的收入减少或中断后的负担，只需花极少的钱，如拿年收入的 5%～10%购意外残疾、急救医

疗、重大疾病的保险。

第二，建立家庭（25~35岁）。合理安排家庭建设的支出。面对各种不同的需要，有效地控制开支格外重要。不要盲目地参与一些风险较高的投资活动，因为这个年龄承受风险的能力还有限。另外，为保障一家之主在万一遭受意外后房屋供款不会中断，一定要拨出小部分钱投保。如有余钱可以适当进行投资，鉴于财力仍不够强大，最好选择安全的投资方式，如储蓄、债券等。

第三，步入中年（35~50岁）。运用余下的收入，增加对养老计划的投入。也可以建立自己多元化的投资组合，开始适当地介入一些风险较高的投资领域，比如房地产、股票、外汇等，进行定期的投资。可以适当地提高一些保险的金额，扩大保障的范围。

第四，退休前（50~60岁）。重新研究所持有的保险合约，有效地安排你的财产。当养老计划安排妥当后，你可以在咨询过投资顾问的情况下，加快投资的步伐。如果过去几年，你的投资组合风险出现了改变，你或许需要对投资的项目作出修订。

第五，退休后（60岁以后）。可以开始运用积聚的资金，因为之前曾经小心选择保险计划，自己的需要和过世后家人的需要亦已经得到全面的保障，现在是自己享受丰硕成果的时候了。

创造你的物质的被需求度，不仅仅是钱和物，还有创造物质，管理金钱的能力。通过这些方面，你就可以让需要你的亲友们，不仅会花钱会理财，还能花得满意，花得有意义，并且，学会理财，生出更多财富。

杨安谈心灵吸引力

◆要把勤俭持家、量入为出作为生活原则，才能维护家庭的和睦幸福。

◆生活的实践已经告诉人们，要取得属于自己的财富，就要依靠自己的商业智慧，靠理财能力为自己打造一片属于自己的蓝天。

◆所有人的物质需求都不同，有些东西对一部分人来说很充足，而对其他人来说则是不够的。但不管是谁，都需要更高的理财能力。

精神需求：人生的一半是精神

人与动物的一个重要区别是人具有更多的精神需求。当然我们不能否认动物有精神需求，因为动物也有快乐、亲情和安全需求，但人具有更多、更高级、更复杂的精神需求，这是没有疑问的。

精神需求使人生更富有人性、情趣和色彩。精神需求与物质需求之间有着很复杂的关系：有的人拥有应有尽有的物质，但缺乏快乐、幸福和安全等精神；有的人物质贫乏，却拥有快乐、幸福和尊重等精神；当然更多的人介乎其间，既拥有一些物质，也拥有一些精神，或者有时物质富有或贫乏，有时精神富有或贫乏。精神富有的人可以演绎出非常精彩的人生。

1. 人的精神需求的种类

（1）社交和信任需求。人在交往中要有一种身份，就像名片一样，证明自己的社会地位和所在单位的职务，有身份，才能获得信任。这是人们的一种共同的需求。

（2）娱乐需求。人们总是喜爱丰富多彩的生活，喜欢在欢乐的环境中自我表现。诸如非正式的娱乐型谈话、游戏或锻炼等。

（3）求知需求。人的好奇心和求知欲是无穷无尽的，人们总是希望受到更好的教育，获得更多的知识，理解更深的道理。

（4）特殊的兴趣偏好。不少人有自己的特殊的精神满足方式，在该种方式下，可以获得极大的快乐和满足。

（5）自我发展需求。人的全面发展是人们的最高愿望，每个人都希望发展自己，充分展现自己的才华，都希望有更多的机会"放大"自己的各种各样的能力。

（6）被承认的需求。多数人都希望得到别人的承认，都希望承认自己的范围越大越好。只追求自我心灵的满足和宁静的人毕竟是少数。得到社会的反馈，得到承认、尊重，往往是许多人的毕生追求。

（7）成就动机。每个人都有权为自己劳动，并在精神上和物质上享受自己的劳动成果或成就。成就感得到满足之后的快乐，在许多人看来是其他快乐无法比拟的。对这种动机的积极、正面的引导和诱发，可产生强烈的激励效果。

（8）创造需求。多数人总是愿意用自己的智慧和双手为社会创造出一些新的东西，为人类留下一些东西。把这种愿望较强烈的人集中起来搞发明创造最合适。

（9）管理需求。很多成功的企业管理人员和领导者都存在这种心理动机，渴望做管理工作、做好管理工作、做更多管理工作。

（10）服务、奉献需求。这是一种极高尚的思想境界和道德水准。服务奉献的高尚情操存在于伟大者和普通人的精神需求中，为国家民族而奋斗的仁人志士有这种情操，普通的售货员、管道修理员也有这种情操。我们认识到这种情操的存在，就可以通过精神动力来激活它，使它成为激励他人的强大动力。

精神需求在每个人身上折射出来时，是千差万别的，可以是上述十种需求中若干种的组合，也可以是某种需求为主、其他需求为辅，又可以在一定条件下相互转化。其个性、丰富性和复杂性在每个人身上都是不同的。

人的一半是精神，通过满足他人的精神需求，可以使你大大提高被需求度。而这需要一整套精神激励和荣誉制度。

2. 精神激励和荣誉制度的原则

（1）重视人、尊重人。尊重人，是指尊重个人。我们并不排斥集体荣誉，我们只是强调作为人的精神动力的荣誉制度，第一原则是要激励个人的工作热情。要把精神需求从每个人身上挖掘出来，诱导出来。如果不能做出足够引起个人兴趣的精神激励，肯定达不到激发人的目的。

（2）有效性。精神激励的内容很宽泛，但是，最有效的方式，就是想方设法、千方百计地为人们精神需求的满足提供更多的机会，这也是进一步激发人们积极性的最行之有效的方式。

（3）层次性和行业性。精神激励要有很大的包容性，要能够给予思想境界不同层次的人以精神激励，即不仅使优秀分子通过精神激励获得精神动力，普通人也能通过精神激励获得精神动力。既要赞扬那些以高尚精神忘我工作的人，也要尊敬、肯定那些为获得个人正当物质利益而勤奋、辛苦工作的人。

（4）科学而公平。精神激励要公平准确。激励的公平准确是保证激励有效的重要原则。在运用激励手段的过程中，需要制定完善的考核标准和办法，做到考核尺度合宜、公平合理，杜绝有亲有疏的人情风。

此外，在满足精神需求的实践中，我们还要激发和满足正当、合理的需要，提高人的思想觉悟，创造一个良好的、富有激励性的环境。

杨安谈心灵吸引力 ···

◆人不仅有物质生活的需要，而且有多种多样、绚丽多彩的精神
需求。

◆满足他人精神需求是创造被需求度和成功的有效力量。

◆精神需求是人类生存和发展的特殊需求，主要通过发展文化事业和
建设精神文明来满足。

心理需求：满足别人的心理需要

心理学家马斯洛曾经指出，人的需要从低级到高级可分为生理需要、安全
需要、归属和爱的需要、尊重的需要、自我实现的需要 5 个层次。

1. 生理需要

与机体生存有直接关系，是人和动物所共有的。包括饮食、性、排泄和睡
眠的需要。这些需要在人的所有需要中是最基本的，也是最强烈的。如果得不
到满足，就会影响人的生存和延续。

2. 安全需要

在生理需要获得一定满足后，安全需要就成为主要需要。这是自身存在
的需要，包括身体的健康、人身的安全、职业稳定、收入有保障、财产保
险、年老后的生活保障等。如人们自家的房屋及窗户装上防盗网，就是一种

安全需要。

3. 归属和爱的需要

希望从属于一定的群体，成为群体的一员，希望给予他人爱和得到他人的爱。这类需要不能满足时，人会感到孤独与空虚。

4. 尊重的需要

包括自尊和得到他人的尊重。自尊是指个体对胜任、自信、成就、独立自主等的需求。受到他人尊重是指个体需要他人的肯定、赞赏。尊重需要的满足，会使人产生自信心；反之，这些需要受挫则会产生自卑、脆弱、无信心等心理状态。

5. 自我实现的需要

这种需要就是一个人自我进步的愿望，表现为个人要求充分发挥自己的潜力和才能，对社会做出一些自己觉得有意义、有价值的贡献，实现自己的理想和抱负。自我实现的含义是"能成为什么样的人，就必须成为那样的人"。

心理学家认为，这些需要是人与生俱来的，是激励和指引个体行为的力量。他们认为，需要具有层次性，需要的满足是由低层向高层不断发展的，只有低级的需要得到基本满足，才会有动力促使高一级需要的产生和发展。生理需要是其他各种需要的基础，自我实现的需要是人类需要发展的顶峰。

在这些需要中，生理需要、安全需要、归属和爱的需要及尊重的需要是缺失性需要。它们对生理和心理健康起重要作用，必须得到一定的满足，而一旦

满足，其动机就会减弱。自我实现的需要是成长需要，它们很少得到完全满足。正常健康的人的行为是由不同类型的成长需要决定的。

心理学家还认为，各级需要层次的产生和个体发育密切相关。婴儿期主要是生理的需要占优势，而后才产生安全需要、归属和爱的需要，到了少年、青年初期，尊重的需要日益强烈。青年中、晚期以后，自我实现的需要开始占优势。但是，个人需要结构的演进不像阶梯，低一级的需要不一定完全得到满足才产生高一层次的需要，需要的演进是波浪式的。较低一级的需要的高峰过去之后，较高一级的需要才能起优势作用。

人的身份地位、思想性格、价值取向不同，心理需要也会不同。满足人的心理需要必须注意以下问题。

（1）要准确把握人的心理需要的特点。从满足人的最低层需要做起，人的需要是多种多样的，且又分层次，各个时期的需要也不尽相同。因此，要准确把握不同人在不同时期的心理需要特点，摸清楚究竟需要的是什么。只有这样，才能做到有的放矢，对症下药，否则将做无用之功。

（2）要正确区分人的需要的合理性。人的需要有合理与不合理之分：对于合理的需要，要尽量予以满足；对于不合理的需要，要坚持原则性，予以正确引导。这是做好人们思想工作的基本原则。

（3）要引导人的需要向高层次发展。在人们的低层次需要获得满足后，我们要注意引导其向高层次需要发展，使人满足实现自我的需要。

杨安谈心灵吸引力 ···

◆人的身份地位、思想性格、价值取向不同，心理需求也会不同。

◆人们在交际中既有明显的个性心理，也有普遍的共性心理。如果能针对人们的共性心理切入交际活动，就可以获得满意的交际效果。

◆生活中，与人交往不能停留在表面，而应多加洞察、研究人的内在心理世界。

生理需求：不仅仅指性

生理需求的满足与否能影响情绪的变化。有些快乐体验也来自生理需求的满足。

1. 满足生存性需要

生存性需要是人的最基本的身体需要。它的满足与否决定着人的生死存亡。人的一生的行为与意识都受着生存性需要的支配或影响。如果一个人生活在富裕的家庭里，受到充分的保护和无微不至的关怀及照顾，可能感受不到生存性需要的迫切性，但他绝不能离开这种需要，甚至一刻也离不开，例如对食品、氧气等的需要。

生存性需要的对象十分广泛。按满足需要的对象存在多少划分，有稀缺性对象与丰富性对象的区别；按获取的方式划分，有不易获取的对象和易获取的对象的区别。稀缺性和不易获取的对象，有食物、衣物、住处，还有饮用水等。丰富性和易获取的对象有空气等。

生存性需要的过度满足是会危害身体健康的，如暴饮暴食。过度满足的结果不仅不会引起快乐体验，相反，却有可能产生厌腻、身体不适等不愉快甚至是痛苦的体验。认识到这一点，控制生存性需要的满足，使它不超过适度的界限，对每个人来说都是明智的，对人类文明来说也是有益的。

2. 满足排解性需要

仅次于生存性需要的是排解性需要。排解性需要是由膀胱和结肠充填物太满，过度的肌肉紧张、疾病和其他不舒服的身体状况引起的。它们会引起紧张、不适、厌倦和痛苦等精神症状。

排解性需要就是要解除这些不适的身体状况：膀胱和结肠的充填物得到排解（大、小便）；疲劳的身体得到恢复；过度紧张的肌肉得到松弛；疾病得到治愈；其他的身体痛苦状态得到改善。如果这些不适的身体状况得不到应有的改善，排解性需要就得不到满足。如果不仅得不到满足，而且进一步恶化了，就会进而危及生存性需要的满足。

排解性需要与日常生活的联系同生存性需要一样密切。它需要反复不断地得到满足，是日常生活中最普通的快乐体验。

3. 满足舒适性需要

舒适性需要是一种与生存性需要与排解性需要无直接关联的需要。舒适性需要如果得不到满足，不会危及身体的安全，如果得到满足，会使身体处于很舒适的状态中。

（1）愉快的味觉、嗅觉与视觉。人们对食物是有选择的（在条件允许的情况下）。在同等的饥饿和口渴的状态中，那些色、香、味俱佳的食物与饮料，较之那种粗糙的食物和淡而无味的水，更能引起人们的快感和选择的兴趣。

（2）身体的舒适。人们有意识或无意识地沿着使身体舒适的方向去创造或变化着生活。身体的舒适使人们感到惬意和安逸。

①温度方面的舒适。温度舒适的需要在于人是一种恒温性的生物。由于外

界环境温度的变化是很大的，因此人们有控制和调节环境温度，以适宜身体温度的需要。于是产生了像衣物、空调和房屋一类的物品和建筑。

②与物体接触方面的舒适。它包括对衣物、座椅、睡床等一系列物品的接触和选择。

③身体姿势方面的舒适。人要长时间地坐在靠背前倾的座椅上，身体肯定会感到不舒服。所以座椅的设计都向后或大或小的倾斜，这样坐起来才感到舒服。在许多公共消遣娱乐场所，往往安排有座椅、石凳、栏杆一类的设施，因为在这种场所，人们不可能长久保持站立或走动的姿势，必要时要坐下来或倚靠到什么物体上去。这样才能消除疲劳和使身体感到舒适。

④身体活动的满足。身体过度疲劳不行，而身体不活动也不行，身体活动是一种需要。囚禁中的动物会影响其生长发育，人亦如此。人都需要大量的活动。长期不活动会感觉困倦、呆滞和身体麻木，会感到很不舒服，由此产生寻求活动的内在冲动。活动表现在从游戏到体育运动、从谈话到社交、从结友到结社等广泛的领域。通过活动，沉闷、无生气和令人窒息的感觉驱散了，人们变得舒畅和愉快起来。

⑤性快感。性的需要是在有关性的生理成熟后产生的，但是性的成熟与意识到性的需要之间是不一致的。如果没有来自外部的刺激，人对自己的性意识是十分朦胧的。因此性生理的成熟需要外部刺激的引导。一经形成，自然趋向寻找满足。社会的责任是进行行为的规范和引导，划分正当与不正当、合法与非法的界限。如果不遵循社会的指导，建立在一时冲动基础上的快感会有后悔莫及的后果，坠入痛苦的深渊。

⑥舒适性。舒适性需要如同生存性需要一样，它的满足应该是适度的，否则会产生不良后果。过分舒适会使人懒惰，贪图安逸，不愿劳动，不愿过艰苦生活。过分舒适还会使人适应环境的能力下降。一旦环境变得

心灵吸引力法则

较差甚至恶劣起来，就会难以生存下去。所以，过分追求生活的舒适性是不好的。在发达国家，尽管物质生活十分富裕，人们仍有意加强锻炼，增加同自然环境的接触，就是明白了过分富裕的生活使人的生存基础变得十分脆弱的道理。

4. 满足人为性需要

人为性需要是人们给自己制造的身体需要。

（1）人为性需要的产生。人为性需要最初是为了满足某种快感，但最后造成了对一类物品的生物依赖性。自从文明开端以来，酒似乎就和人类结下了不解之缘。酒是为数不多的改变人的情绪状态的物品之一。除酒之外，还有烟、药品和毒品，都是满足某种身体需要的物品。

（2）人为性需要的有害性。一旦成为"瘾君子"，后果是十分有害的。这些人为性需要在人体内起着很强的寻求满足的驱动作用，呈现出类似生存性需要的某些特征，有时甚至压倒了生存性需要，如酒瘾者宁愿要酒而不要食物，而且还会陷入恶性循环之中。人们对烟、酒、药品和毒品的耐受性不断提高，为了达到原有的生理和精神方面的效果，人们不得不使用更多，最后由成瘾发展到毒瘾，导致身体状况的全面恶化。酒中毒者的一种常见后果是严重的营养不良，随后发病，甚至死去。如果致瘾物品的供应一旦中断，会对身体产生严重的影响，会出现诸如坐立不安、呵欠、流泪、肌肉抽搐、恶心呕吐、食欲减退、失眠或昏睡、身体虚弱等症状。所以人为性需要与其说带给人们的是快乐，不如说带给人们的是痛苦。对致瘾物品的使用，人们要自觉节制，不能为了追求一时的快感而误入歧途、毁掉自己。

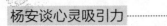

◆生理需要是所有需要中最基本、最原始的需要。

◆最基本的食物、营养对人发展的意义很大。

◆在人发展的早期，食物、水分、氧气、睡眠……这些生理需要的满足很重要。

教导需求：能否为人解惑释疑

解惑释疑意味着要克服、战胜或者转化我们在生活中遇到的诸多障碍。而人类及人类文明之所以能够不断延续，归功于人类自身这种解决惑疑的能力。早在文明的曙光初现时期，解惑释疑的艺术就已经萌生并传承下来，一代一代延续，迄今未止。

假如人类不依赖卓越的思考力以及解惑释疑的能力来跨过各种陷阱，人类或许早就已经在地球上消失了。

解惑释疑的艺术随社会的发展而发展。新的时代面临的是新的惑疑，新的惑疑要求我们必须具有解决惑疑的新思维和新方法。一旦人学会了开辟新的道路，人也就能打破原有的模式，那么，大脑就能在解决新惑疑时如鱼得水，使得处理惑疑变得简单可行。

成功者也常会将他人的惑疑当作自己的惑疑，养成第一时间解决惑疑的习惯，让自己真正成为惑疑的终结者。

下面是成功解决惑疑需要的 8 种能力。

1. 目标关注能力

一个能够解决惑疑的人，首先是能够迅速确定解决惑疑的目标并能够集中精力关注目标的人。有的人一天做很多事情，整天忙得焦头烂额，但效果却极差。为什么？目标分散。我们称之为"目标分散症"。有的人则只关注工作本身，常常为了做某件事而做某件事，甚至仅仅是为了完成任务而完成，忘记了这个任务的真正目的。

2. 计划管理能力

人的工作效率首先来自出色的计划能力。计划就像梯子上的横杠，既是你的立足之地，也是你前进的目标。计划阶段就是起步阶段，是成功的真正关键阶段。

3. 观察预见能力

良好的观察预见力让我们能够在竞争日益激烈的社会大环境下，寻找到很好的生存发展机遇，同样也可以预防一些即将或者未来可能发生的对于我们事业有所阻碍的事情。可以说，成功源于拥有一双会观察、会发现的眼睛。

4. 系统思考能力

实际上，中国古代智慧，特别是《易经》中的核心思想就强调了面对任何惑疑的时候，都要善于从整体上进行考虑，而不仅仅就事论事。只有这样，人才能形成大局观。

5. 深度沟通能力

美国著名企业家卡内基先生曾指出，一个人事业的成功因素，只有15%

是由他的专业技术决定的，另外的85%则要靠人际关系。在这个人际关系复杂的社会，要想使自己成功就应该强化自身的沟通能力。管理过程的大量惑疑也是沟通惑疑，甚至有的企业家称："企业中99%的惑疑都是沟通造成的。"可谓"管理即沟通"。具备强大的沟通能力是解决惑疑的前提。

6. 适应矛盾的能力

企业经营管理过程中有大量相互矛盾的事情，很难找到十分绝对的惑疑，更是很少存在唯一的最佳答案。如果总是用"非此即彼"的思维方式，惑疑往往难以解决，甚至可能把惑疑引向死胡同。因此，人要善于适应矛盾，避免绝对化地看惑疑，拥有开阔的思维，不固守成功经验，既能这样又能那样，追求解决惑疑方案的开放性，不钻牛角尖。

7. 全神贯注与遗忘的能力

要善于选择最重要的事情投入全部精力解决，有些事情则需要快速遗忘。

8. 执行到位能力

就个人而言，执行到位能力就是将事情做到位的能力。如果不能说到做到，做到不能做到位，职业人也就缺少了立身之本，一切设想就会沦为梦想，一切惑疑仍然会是惑疑，甚至成为更加严重的惑疑。

具备这8种能力，是成功解决惑疑的前提和基础。我们在平时的学习过程中，应该努力地去培养这些能力。当惑疑来临的时候，我们会泰然处之，灵活地去处理它们。处理惑疑、求得生存与发展是我们未来成为职业人的根本目的。培养能力也是为了解决惑疑，我们的一切行为都要指向解决惑疑。

◆解惑释疑意味着要克服、战胜或者转化我们在生活中遇到的诸多障碍。

◆新的时代面临的是新的惑疑，新的惑疑要求我们必须具有解决惑疑的新的思维和新的方法。

◆一个人事业的成功，只有15%是由他的专业技术决定的，另外的85%则要靠人际关系。

陪伴需求：或许只想要你的陪伴

前文提到，人有五大需求：生理需求、安全需求、归属和爱的需求、尊重的需求和自我实现的需求。看上去，这里似乎没有陪伴需求的位置。但仔细想想，哪一种需求离得开人际陪伴呢？生理需求和安全需求，涉及物质资料（如食物、住房），物质资料的取得离不开人际关系；生理需求中的性需求涉及男性与女性的陪伴；安全需求也离不开他人，恐惧而缺乏安全感的人有盼望与他人在一起的需求；个体归属需求就是个体对另一个体或群体的某种依附需求，这种需求必须通过人际陪伴实现；爱的需求，不论是爱谁和被谁爱，同样是通过人际陪伴实现；对他人的尊重只能通过人际陪伴体现，自尊也不可能在人际陪伴之外得到；自我实现无非是个人潜能的发挥和事业的成功，而发挥和成功的舞台只能存在于人际陪伴之中。

上述每一种需求的满足都离不开人际陪伴。人际陪伴活动伴随人的一生，是人的基本需求之一。缺乏或被剥夺了正常的人际陪伴活动，个体就会出现消极情绪反应和心理紊乱，久之便导致身心疾病。因此，人际陪伴是维持人的正常心理、生理健康的必要因素。

心理学家研究认为，人际陪伴的心理需求可以分为3个方面：本能、自我肯定的需求和合群需求。

1. 本能

心理学家认为，人的陪伴需求是在人体自身发展进化过程中逐渐形成的适应社会生活的能力，是一种通过遗传直接传递给后代的本能。这恐怕得从人类的祖先古猿说起。它们的自身保护能力很低，在危机四伏的自然界中，必须采取集体行动，依靠大家的力量来抵御外界的侵害、保持种族的繁衍。经过漫长的进化和演变过程，古猿逐渐形成了群居习性，并遗传给后代。

大量的研究表明，人类自身的社会陪伴是适应社会生活的基础，也是人类个性发展的基础。人类自身最早形成的社会陪伴是婴儿与母亲之间的陪伴：婴儿一出生就需要周围环境能为其提供温暖、舒适、食物和安全，以保证其健康成长；通常母亲能为其提供这些需求，于是婴儿与母亲之间产生了积极的陪伴和情感联系。社会心理学家研究发现，婴儿通过和母亲的积极陪伴，学会和形成了团结、同情、关心、帮助他人、与人分享、合作、谦让、尊敬长辈、文明礼貌等良好的社会行为规范，学到了最初的社会陪伴技能。比如怎样参与人际陪伴、维持人际陪伴、解决人际陪伴中的冲突和矛盾等，并积累人际陪伴经验。因此，母婴关系是诸多人际关系中的基础关系，在很大程度上影响了婴儿以后人际关系的形成和质量。

人类天生就有与他人共处、需要他人陪伴的本能需求；只有在与他人的正常陪伴中，与他人保持一定的情感联系、形成亲密的人际关系，人才会有安全感；人类的这种本能需求影响和制约着自身的健康成长和发展。

2. 自我肯定需求

随着自身生理方面的成熟、对周围环境的认识加深，婴儿逐渐能区分自己与周围环境的关系、自己与他人的关系，也就产生了自我意识。但个人对自己的真正了解，还必须依赖于他人的陪伴。

20 世纪初的社会学家发现，个人的自我认识开始于他人对自己的评价。个人可以从他人对自己的评价、态度、行为中了解自己、感知自己，形成相应的自我概念。例如，如果一个孩子被他的父母所钟爱、被老师所重视、被朋友所喜欢和尊重，那么他就一定会认为自己是一个具有某些令人喜爱的品质的人；如果一个人从出生起就没接触过人类社会、没有与人正常陪伴的机会，那么他的自我概念发展就会受到限制，尽管其他各方面的生理机能发展正常。个人的自我概念会引导个人塑造实际的自我。所以，在社会人际陪伴中了解他人对自己的态度和评价，就可以更好地了解自己，确立自己在群体中的地位，树立相应可行的奋斗目标。

3. 合群需求

个人的合群需求也是产生人际陪伴的心理需求之一。每个人都有合群需求，适当的人际陪伴是满足自身合群需求的手段。

心理学家曾经做过一项实验：将实验对象分为高恐惧组和低恐惧组。在高恐惧组条件下，实验对象被告知，他们将参加一项电击实验，电击会很痛，但不会留下永久性伤害；在低恐惧组条件下，实验对象被告知，电击只是有些轻微震动，不会有任何伤害性后果。然后，在被试者等待接受电击的时间里，研究者逐个询问他们是愿意独自等待还是想与其他人一起等待。结果发现，高恐惧组个人倾向于寻求与他人在一起、倾向于寻求他人伴同；低恐惧组个人的这种倾向没有那么强烈。可见，与人多陪伴能增加人的安全感。

人们在日常生活中的确如此。在漆黑的夜晚，当一个人走在一条小路上时，非常渴望有人做伴，如果听到有人说话的声音，会立刻觉得轻松了许多。

人们的生活少不了人际陪伴。一个志同道合又积极向上的人际关系群体，可以形成一个和谐、信任、友爱、团结、互相理解、彼此关心的客观环境。在这种情况下，人与人之间思想感情上的交流，能给人以前进的动力，使人在碰到挫折、困难时能获得别人及时的帮助，能让人始终处于一种积极向上的气氛中；容易让人形成乐观、积极、自信的人生态度，使人的情操、心理环境获得净化，思想境界得以升华。而不良的人际关系则很容易导致猜疑、冷漠、嫉妒、苦闷、孤寂、萎靡和痛苦的精神状态。

成功人士之所以成功，是因为聚集了很多人的力量，一个人的力量毕竟是有限的，而常常给予自己人际关系圈的人以陪伴，不仅对你的身心健康十分有利，而且可以帮助你走向成功，收获幸福。

杨安谈心灵吸引力

◆人际陪伴活动伴随人的一生，是人的基本需求之一。

◆个人的自我认识开始于他人对自己的评价。

◆一个志同道合又积极向上的人际关系群体，可以形成一个和谐、信任、友爱、团结、互相理解、彼此关心的客观环境。

扶助需求：为人付出

世上有两种人：一种乐于索取，一种乐于付出。吝啬于付出的人，他的生

活也将死气沉沉，被幸福疏远。乐于为人付出的人，就能满足他人的扶助需求。

付出的种类很多，方式也不相同。有一种付出是对世界的看法、对生活的态度，正是这种对人生的态度，决定了你一生是否幸福。很多时候，我们只是在为自己而付出，付出我们的汗水和辛劳来换取我们所应得的回报，但生活中我们也需要另外一种付出——为别人付出行动。这种付出会让你获得更多的财富和精神上的满足。

在今天，没有人可以靠单打独斗取得成功。尤其是在职场当中，人是不能脱离团队而成功的，而团队的成功也离不开每个参与者的付出。但是，很多人身处团队之中却不愿意付出，总觉得付出了就是自己受损失了。

首先，觉得自己付出了就一定是损失了，这是一种偏执型的"拿来主义"。如果你认为自己付出了就是损失了，那么当别人在付出的时候，他们是不是都在损失呢？如果别人都不"损失"，那你又从何"获取"呢？所以你敞开自己的心胸，冷静地想一下就会明白，就算你付出了，得到的却永远比付出的多。

其次，觉得自己水平不够，怕做不好被别人笑话，干脆就不做。水平的提升一定伴随着大量的信息交流和资源的获取，需要向有水平的人谦虚地学习，才会逐渐提高自己的水平。如果你一直不做，别人不知道你的水平如何，当然也不会去帮助你。同时，你没有实际操作，自己也不知道自己的水平如何，想提高自己也无从下手。所以，主动去做事，去付出，你才能提高自己。

最后，觉得大家都在做这件事，多自己一个不多，少自己一个不少，于是，干脆旁观。这种心态在现代社会比较常见，总以为自己想做的事别人也会去做，所以自己不用做，实际上这种心态最容易将人从团队中分离出去。

可能你已经意识到为人付出的重要性，你开始准备去付出，然而，你是否知道如何去付出呢？

过节了，你想给领导送一盒茶叶，去茶叶店看看，可是老板平时喝的茶需要花费你一个月的工资，于是，你犹豫了……同事生日，你想送上一份珍贵的礼物，转了一天，你依然两手空空，因为你的口袋里没有那么多钱……

是的，我们常常会遇到不尽如人意的事，无奈总是伴随着我们。然而，你是否想过，你陪老板喝杯茶，和老板谈谈工作，讲一下你对未来一年工作的计划，为公司的发展提出一些切实可行的建议，让老板感觉到你的真诚和忠诚，这些远远比你花昂贵的价钱买来一罐茶叶送给老板之后依然得过且过地工作要好得多；你是否用心在同事生日的时候花最少的钱给他一个惊喜，让他感觉到你对他的关心，让他感觉到团队的温暖，这样远远比他收到一份冰凉的贵重礼物温暖得多……

不要用囊中羞涩作为你不去付出的借口，真正能够获得回报的付出一定是用心付出的。如果你不能给对方物质的满足，一定要学会给对方精神的满足。

此外，还要学会真诚地赞美别人。中国人都有不爱赞美别人的习惯。总觉得赞美别人的话太肉麻，自己说不出口。其根本原因在于，你从心里就觉得人家没有你好。所以，即使偶尔赞美也会显得言不由衷，不够真诚。其实赞美是一件很小很简单的事。比如，看到女同事打扮得体，就可以夸她，你今天看上去很精神，精干不失妩媚。她听了一定会很高兴，然后会用赞美来回报你。夸男同事幽默风趣，办事干练。结果他们也会拿赞美回报你。这样，你高兴，大家高兴，整个团队就会更加具有凝聚力。

付出你的赞美，给予别人精神上的满足，你不但没有什么损失，还会得到别人同等的赞美，不仅如此，你还得到了良好的人际关系，提升了自己在团队中的价值。

因此，不要吝啬为人付出，记住，只有付出才会支持到他人的扶助需求，只有付出才会得到与别人合作的机会！

杨安谈心灵吸引力 ···

◆乐于为他人付出的人，能满足他人的扶助需求。

◆如果你不能给对方物质的满足，一定要学会给对方精神的满足。

◆付出你的赞美，给予别人精神上的满足，你不但没有什么损失，还会得到别人的赞美，不仅如此，你还得到了良好的人际关系，提升了自己在团队中的价值。

映衬需求：愿做别人的参照系

无论在哪个领域，人们心中都会有一个学习的参照系。参照系的力量是强大的，你可以因为想要靠近参照系而在某一领域刻苦努力，或许真的可以小有成就。但我们应该崇尚的不是向参照系学习，而是让自己成为别人的参照系，这是一种绝佳的训练能力和气场的方法。

首先，成为参照系能令一个人在潜移默化中产生自豪、自信的强大气场。成为参照系之后，就能够自然而然地吸引很多人的关注，而此时参照系人物的一言一行都会影响到他人，成为众人的焦点。这无疑会让一个人的内心得到满足，并让一个人的自我价值得到充分体现。那么，这个"成为参照系"的人，自然也就会产生自豪的气场。即使这个人原本胆怯、内向，但其一旦发现自己已经是影响别人的参照系时，就会改变自己的气场，向积极方向发展。能成为别人参照系的人，尽管有些"自以为是"，但无疑他们都具有强大的自信，这对于一个人营造自己的气场是至关重要的。

其次，成为别人心目中的参照系，能够在无形中激励自己，让自己更加努力。无论你正在为成为别人的参照系而努力，还是已经小有成就地成为了人们心中的参照系，这都会让你更努力地去完善自己、充实自己，并不断地训练自己的气场来增加自身的魅力。当你知道自己举手投足之间都有可能会影响到别人时，就会不自觉地约束自己，让自己努力达到某一标准。因为只有更加努力地提高自身，才会觉得自己够资格成为一个参照系。

那么，在我们生活中，要成为参照系，激活"权威"的力量，提高自身的影响力，我们可以从哪些方面来努力呢？具体来看，大致有以下几点。

1. 不断学习

能力是一个人成为参照系的必要前提，无能者无才，无才者无力。

2. 提高自身修养

一个具有良好自身修养的人，往往具有非凡的内在的精神气质，能给人以深远的影响。

3. 始终做到尊重他人，哪怕他非常卑微

忽略别人尊严的人，内心只有心高气傲和自以为是，那么即便他拥有全世界，也得不到别人的敬重，更别谈成为别人学习的参照系。

4. 做一个谦虚踏实的人

一个亲和谦逊的人，往往容易成为别人的参照系，具有无穷的影响力。

5. 知道何时应该道歉

人们通常对真诚的、言行一致的人会有正面的回应。我们不会期待我们的参照系完美无缺，但我们欣赏那种勇于承认自己有时也会犯错的人。人们在乎的是他是否坦率地承认自己的不足，而不是他完美与否。坦率地承认错误使我们觉得他们是尽量想做得更耐心和周到，只是这尚未形成他们的自觉行为。如果他们不认错，我们就会认为他们不为别人考虑，这简直是一种动物的本能。

做一个参照系需要你在自己言行不一致的时候承认错误。这不会使你失去尊严，相反会使你获得更多的尊重。

6. 清楚地表达自己的意图

有时你的行为所表达的意思对自己来说很明显，但别人却常常摸不着头脑。要负起做一个参照系的责任，就要帮助别人认识这个参照系所表达的明确意图。

我们不能奢求别人都能明白我们行为背后的意图。我们要向员工们解释我们的意图和理由，借此提高实践中的积极效应。

7. 不断监控你行为的效应

如果别人对你的行为做出你预料之外的反应，你要从自己的行为中去找原因。说"他们应该"这样的话是没有意义的。他们没有那样做，那么你就需要试着用别的方法来引导他们做出你想要的反应。

如果你不知道怎样才能改善你的参照系带来的效果，你可以尽量把自己的意图表达清楚："这是我想要的效果，但结果却并非如此。我应该怎么做才能使你们接受并乐于去做呢？"人们一般都会对这类直接请求做出积极的回应，而且这会再次使人们更加尊重你，并且这本身就是一个很有建设性的行为参照系。

综合来看，参照系因为具有带头作用、示范作用和引导作用，所以他能给人带来巨大的影响。一个人先得做到自律、自强，才能以德服人、以力御人。成为参照系，激活我们的"权威"力量，是我们提高自身影响力的可取之道。在提高自身影响力的交际中，参照系具有不可忽视的力量，因此我们不妨以身作则，严于律己，成为别人的参照系，进而让自己的影响力得以升华。

杨安谈心灵吸引力

◆无论在哪个领域，人们心中都会有一个学习的参照系。

◆成为参照系能令一个人在潜移默化中产生自豪、自信的强大气场。

◆做一个参照系需要你在自己言行不一致的时候承认错误。这不会使你失去尊严，相反会使你获得更多的尊重。

第三章

提升你的正向能量

绝对特长：人无你有，人有你强

为什么这个世界上成功者总是少数呢？这是因为，很少有人能够认清自己的特长，了解自己的能力，然后锁定目标，全力以赴。这也是大多数人难以取得成功的主要原因。

任何一个想取得成功的人都必须先找到自己的特长，人无你有，人有你强，然后不断地努力。这样，付出的艰辛和遭受的挫折就会相对少一些，而获得成功的机会就会大很多。也许有很多人会说他太平凡了，没有任何特长，找不到他的优势所在。

这种想法，恰恰是这些人一生平庸的原因所在。阿特密斯·沃德曾说："每个人都有自己的本事，有的人擅长这一方面，有的人擅长那一方面，还有些人不学无术，整日闲散游荡，他们擅长的就是无所事事。"这样看来，任何人都有其擅长的地方。大多数人之所以找不到自己的特长，是因为他们在自己的意识中从未认真思考过，在生活过程中也没有认真地观察过。如果你现在还认为自己是一个没有任何特长的人，那么，就好好地想一想，认真地找一找，你一定能够找出自己擅长的东西。

有的人表现出空间天分，他们的视觉似乎特别发达，喜欢把事物视觉化，即把文字或语音信息转变为图画或三维形象，可能在绘画、摄影、建筑或服装设计、造型艺术等方面表现出兴趣和特长。

　　有的人表现出音乐天分，他们的听觉特别发达，很小就表现出对音准和声音变化的高度敏感，并能迅速而准确地模仿声调、节奏和旋律。

　　有的人表现出身体运动天分，他们能很好地协调肌肉运动，体态和举止优美而恰当，他们通常在体育运动、机械、戏剧和其他操作工作中有杰出表现，很容易成为优秀的演员、舞蹈家、运动员、机械师和外科医生。

　　有的人很有逻辑、数学天分，他们喜欢并擅长计数、运算，思维很有条理，如果他们的好奇心能得以满足，那么他们很可能在理科学习和研究上取得好成绩。

　　有的人很有语言天分，他们说话早，对语音、文字的意思很有兴趣，喜欢听故事、讲故事，喜欢绕口令和猜谜等语言游戏，喜欢读书和听别人读书，他们很可能成为成功的作家。

　　有的人擅长人际交往，他们比较容易理解他人的感受，能够和各类型的人相处，在各种情况下都能恰当地表达自己，经常充当团体的领袖人物，他们比较容易在政治、教育、管理或社会活动等领域取得成功。

　　人与人各不相同，这就需要在不同的领域，用不同的方法，充分利用自己的长处。

　　找到自己的特长，做与自己特长吻合的事业容易成功，不单单是因为人善于做这方面的事情，而主要是因为他会兴趣盎然，工作起来心情舒畅，因此会不断地为此付出努力。一项工作调查得出的结论：一般人在工作时，似乎都身陷斯达兹特可所谓的"某种周一至周五的垂死状态"，也就是因为对自己的工作不满意，没兴趣，无心于工作。而当一个人从事自己特长方面的工作时，工作就会成为给他带来最大满足的事项之一，他能够从中体验到流畅自如的境界，这会让他感受到高度的活力、警觉性、体力、自制、满足，甚至会有某种超越感。每天都在这种状态下工作，成功自然就指日可待了。

所以，如果你现在还在为自己平凡的人生而感到不满，那就赶快寻找到自己的特长和兴趣所在吧；如果你还在为自己聪明过人、能力全面而沾沾自喜，那么就把你的特长列出来，然后，找到自己最擅长的那一个去为之努力吧！

怎样才能认清自己，将特长发挥到极致呢?

1. 广泛的爱好，全面的生活

人们常说，成就卓著的人都属于"A"型性格——拼命苦干，迷恋工作，有的人会把工作带回家去，一直工作到深夜。然而，据美国著名专家加菲尔德说："这种人容易早出成果，随后就江郎才尽，或者是平淡无奇。他们沉溺于工作本身，而对效果如何却不大理会。"与此同时，成就出色的人愿意努力工作，但通常是爱好广泛。对他们来说，工作并非一切。当加菲尔德与十大工业巨头交谈时，发现他们深知如何放松自己。他们经常把工作留在办公室里，并且十分珍视亲密无间的朋友关系及家庭生活。

2. 做自己擅长的事，喜爱自己的工作

大量研究表明，那些成就突出的人都选择了自己真正中意的工作。他们用2/3的时间从事爱不释手的工作，而只用1/3的时间来处理他们不感兴趣的繁杂琐事。他们向往内心的满足，而不只是追求诸如加薪、提职以及掌权这类报酬。当然到头来，他们往往会一举两得，因为他们对自己所做的工作能胜任并感到愉快，他们工作得很出色，报酬自然也会更高。

3. 遇到难题认真准备，全身心投入

每个人都会在生命的历程中面临许多难题或挑战，当我们遇到难题时，一定要认真准备。比如一次讲演、一次活动、一场比赛，大多数聪明的人都会在脑子里将适宜的行动方案进行反复的预演。

4. 敢于冒险，不贪图安逸舒适的生活

安逸舒适的生活人人向往，所以很多人都愿意停留在所谓的"安逸带"，满足于一种安全感。平淡的安全生活，会使他们失去许多发挥天赋的机会，甚至导致"江郎才尽"。有很多人，他们不愿冒险，不愿担当重任。那些大显身手的人则恰恰相反，他们敢于冒险，并能在一次次冒险和担当重任的机会中磨炼自己的意志，提高自己的能力。一定要认识到，天赋的发挥需要机会，同时也需要得到锻炼和提高。

5. 不要低估自己的能力

大多数人都明白自己的能力有限，然而，我们所谓的"明白"不一定是真正的了解，有时甚至会是一种不正确的、有局限的自我成见。而自我限制的成见，是我们发挥天赋获取杰出成就的最大障碍。人们经常把个人的能力限制在远远低于我们实际能够达到的水准上。而那些取得杰出成就的人却能突破这些人为的障碍，他们把注意力集中于自身——注意他们的兴趣、他们的目标及由努力所产生的进展。因此，他们能够更充分地发挥出自己的最高水平。

每个人都有自己的特长，都有自己的天赋与素质。在认识到自己特长的前

提下，扬长避短。坚持学习实践，长此以往，你一定会人无你有，人有你强，结出人生的丰硕果实。

杨安谈心灵吸引力 ....

◆宝贝放错了地方便是废物。

◆要把自己的价值最大化，贡献最大化，就要找到自己最重要的特长。

◆一个人本事再大、精力再多，也不可能三百六十行，行行精通，他所能做的就是在自己有所特长的工作上做到极致，做到与众不同。

良好性格：个性中充满着正能量

性格，是一个人的无价之宝。它决定着一个人的人际关系、婚姻选择、生活状态、职业选择以及事业成败等，从而根本性地决定着人一生的命运。

概括来说，性格就是人在对事物的态度和行为方式上表现出来的心理特征，比如理智、沉稳、坚韧、执着、含蓄、坦率等。心理学上，一般认为一个人的性格很难改变。虽然我们可以认识某人的性格特征，并在必要时对其做一定程度的修正，但人的基本性格主要取决于基因中某些固有的因素，就和我们眼睛的颜色一样是不可改变的。

良好性格是正能量的个性的重要保证，是保证人们心理健康的重要条件。那些愉快的生活、和睦的家庭、恩爱的夫妻、融洽的同事关系等一切客观条件的获得，也都需要以良好性格为前提。

性格粗暴、孤僻的人，难以和人融洽相处，经常感到孤独和苦闷；自负、清高的人，看不起别人，结果反而被别人瞧不起；心胸狭窄、感情脆弱的人，多愁善感，忧心忡忡，享受不到生活中的欢乐；气量狭小、性情多疑的人，常常因其满腹狐疑，而造成许多不应有的矛盾、摩擦和冲突。因此，具有优良性格的人，心情较少有不愉快和不欢悦的时候，很容易保持健康的心理状态。

近代临床病理学的研究也充分显示，高血压病、冠心病、癌症、溃疡性结肠炎、胃炎、胃溃疡等疾病患者，往往都具有明显的惯于自我克制、情绪压抑，倾向于防御和退缩等性格特点。因此，那些性格暴躁而又不能随意发火，不得不经常压抑自身愤怒情绪的人，那些性格懦弱、多愁善感、经常忧心忡忡、心事满腹的人，是比较容易患病的。

某些性格特点不仅可能成为疾病的发病源泉，而且还可以改变许多疾病的过程。医疗实践证明，病人的性格特点往往比引起该病的病原性质更能决定疾病的表现。不同性格的人，对已经形成的疾病会做出不同的反应。有的人本来没有病，却总是怀疑自己得了重病；而有的人却相反，经检查病情严重，自己却能坦然对待。

每个人性格特点的不同，对于疾病的发生、发展和病程的转化，都可能产生作用。透过积极的性格修养，克服那些容易患病的不良性格，努力培养良好性格，对于保证身心的健康大有裨益。

良好性格结构主要包括以下几个方面：

独立性：办事理智、稳重，并且能真正听从合理的建议，乐于承担自己的决定可能带来的一切后果。

自制力：人都会生气，但是如果有自制力就能够把握住尺度，不至于让自己失去理智。

博爱与包容：付出爱，然后从爱自己的配偶、孩子、亲戚、朋友中得到乐趣。

前瞻性：有长远打算，即使眼前利益有很迷人的吸引力，也要做长远的打算，甚至不惜放弃眼前的利益。

对调换工作持慎重态度：不见异思迁，即使需要调换工作，也要非常谨慎地考虑周全，再做决定。

不断学习，培养情趣：不断地增长学识，广泛地培养情趣，这也是健康性格结构的一个特点。

良好性格是幸福人生的基石，能使人的个性充满正能量。一个人拥有较多的良好性格特质，也就等于抓住了成功与幸福的入场券。每个人的性格都不可能是完美的，总会有这样那样的毛病。因此，我们只有不断地优化自己的性格，才能拥有健康的身体、愉快的心情、幸福的人生。

杨安谈心灵吸引力

◆良好的性格结构会潜移默化地改变人生中的各个层面，进而改变整个人生。

◆好的性格能屈能伸，知进知退，稳得住成功时的得意，也经得起挫折失败，赢得起也输得起。正是不同的性格可以让人成就不世之功，也可以让人功败垂成。

◆一种良好性格，可以让你有好多朋友，一种良好性格可以让你转身忘记所有的烦恼，一种良好性格可以让你的心态归于平静。最重要的是：一种良好性格可以助你成功。

礼多人不怪：待人接物礼数周全

1. 什么是礼数

简单来说，礼数就是礼节和仪式。展开说来，礼数是人们在工作、生活中所要遵循的礼节，它是一种约定俗成的规范；是为维系社会正常生活而要求人们共同遵守的最起码的道德标准，是人们在长期共同生活和相互交往中逐渐形成的并以风俗、习惯和传统等方式固定下来的准则。对个人来说，礼数是一个人的思想道德水平、文化修养、交际能力的外在集中体现；对社会来说，礼数是一个国家社会文明程序、道德风尚和生活习惯的直观反映。

在越来越重视合作和交往的今天，礼数已成为道德实践的一个重要环节。文明礼数是社会文明程度的重要标志，从中华几千年文明史来看，人们对待人接物的周全礼数一直孜孜以求。

从个人修养的角度来看，礼数可以说是一个人内在修养和素质的外在表现；从生活交际的角度来看，礼数可以说是人际交往中的一种艺术，是人际交往中约定俗成的示人以尊重、友好的习惯做法；从传播的角度来看，礼数是在人际交往中进行相互沟通的技巧。总之，礼数是个人素质最直接的表现，是个人综合素质的真实名片。每个人在生活、工作、学习、交流等过程中都会接触到许多不可不知的礼数。

2. 礼数的作用

首先，礼数有着尊重的作用。尊重的作用即向对方表示尊敬、表示敬意，同时对方也还之以礼。礼尚往来，有礼数的交往行为，蕴含着彼此的尊敬。

其次，礼数作为行为规范，对人们的社会行为具有很强的约束作用。礼数最初是由一定社会的统治阶级根据社会的需要和自己统治的需要而制定的种种行为方式和行为规范。礼数一经制定和推行，久而久之，便成为社会的习俗和社会的行为规范。任何一个生活在某一种礼数习俗和规范环境中的人，都自觉或不自觉地受到该礼数的约束。自觉地接受社会礼数约束的人，就被人们认为是"成熟的人"，符合社会要求的人。反之，一个人如果不能遵守社会中的礼数要求，他就会被人们视为"惊世骇俗"的"异端"，社会就会以道德和舆论的手段对他加以约束，甚至以法律的手段来强迫。

再次，礼数具有教化的作用。主要表现在两个方面：一方面，礼数作为一种道德习俗，它对全社会的每一个人都有教化作用。另一方面，礼数的形成、完备和凝固，会成为一定的传统文化的重要组成部分，它以传承的力量，不断地由老一辈传递给新一代，世代相继、世代相传。在人类社会的繁衍和进步中，礼数的教化作用是具有极为重大的意义的。

最后，礼数具有调节人际关系的作用。人际关系是人类社会生活中极为重要的关系。一个人作为单独的个体，如果没有好的人际关系，就会因为无法满足个人更高层次的需要而怅然若失、惶惶不安，甚至导致行为变异。同样，一个单位，或者整个社会，如果人际关系混乱、紧张，就不会团结协力。为了建立和维系健康的、良好的人际关系，可以有许许多多的措施和手段。而礼数规范、礼数活动在其中起着重要的作用。

它表现在：一方面，礼数作为一种规范、程序，作为一种凝固下来的文化传统，对人们之间的相互关系模式起着规范、约束和及时调整的作用。例如，人们在家庭生活中的关系，长幼尊卑及各自的权利、义务，都受到传统和现实的礼数的规范和约束。父母爱子女，但要教育好子女，子女要孝敬父母；夫妻

之间地位平等，应该相敬如宾、白头偕老；在朋友中，"有朋自远方来，不亦乐乎""受人滴水之恩，当涌泉相报""己所不欲，勿施于人""君子有成人之美""君子不夺人所好"等。另一方面，如果人际关系中出现了不和谐，或者需要作出新的调整，往往又需要借助于某些礼数形式、礼数活动来完成化解矛盾、建立新关系模式的任务。例如，相互不熟悉、不了解，却又需要合作，往往通过宴请、联谊、联欢而开始建立新关系。得罪了人、伤害了人，可以通过上门赔礼致歉、"负荆请罪"求得谅解和宽容。可见，礼多人不怪。礼数在处理人际关系中，在发展健康良好的人际关系中，是有其重要作用的。

3. 如何做到礼数周全

首先，要提高个人的思想道德修养。道德是礼数的基础，礼数是道德的表现形式。个人道德修养的内容很广泛，包括道德认识、道德情感、道德意识、道德信念、道德行为和习惯等。其中，道德意识修养和道德行为修养最主要。道德意识修养主要是通过学习道德知识，形成正确的道德观念，如"爱祖国、爱人民、爱劳动、爱科学、爱社会主义"等道德意识，同时加强职业道德、社会公德和良好的家庭伦理道德的修养。道德行为修养主要是通过实践培养良好道德行为的自觉性和习惯性。道德行为的修养要从小事做起，从点滴做起，谨记勿以善小而不为，勿以恶小而为之。

其次，要加强礼数知识的学习。要主动学习礼数知识，利用阅读图书资料、互联网、培训、专修等渠道，全面、系统地学习礼数知识。从理论上掌握在不同场合，面对不同交往对象，应该运用什么礼数。

最后，必须要进行实践：要把理论知识运用到实践中去，做到知行统一。通过反复实践提高礼数运用的熟练程度，把握好礼数运用的规范性，摸索礼数运用的技巧，使自己真正成为一个知礼、守礼、行礼的人。

杨安谈心灵吸引力

◆在社会活动中，讲究个人礼仪是奉行尊重他人的原则，要想赢得尊重，先去尊重别人。

◆礼仪是一张个人素质的名片，要想提高这张名片的含金量，只有自己坚持不懈地学习和努力。

◆礼多可种下善因。在现实生活中，人与人的交往，往往会有磕磕绊绊，当你的礼节到了，对方会碍于情面不便计较，你敬人一尺，最起码人家也会回你一尺的。

仪容仪表：亮人眼，悦人心

仪，外表；容，容貌；表，表情。仪容仪表，并不是一个简单的穿衣和外表的概念，而是一个人的全面素质，一个秀外慧中的、在流动中的印象。形象是事业成功的一个重要的游戏规则。形象为你事业的成功起着推波助澜的作用，也可以破坏或阻挡你事业的顺利发展。成功的形象设计，也包含了成功的人生设计。

1. 仪容仪表的重要性

（1）仪容仪表体现一个人的礼貌修养。社会生活好似大舞台，古人说"出门如见大宾"，出门之前应做一番修饰打扮。人的第一印象往往取决于见面开始的 7 秒钟。大多数人在社交场合是十分注重自己的仪表美的。有教养的人懂得怎样修饰自己的形象。仪表端庄反映出一个人的自尊与品位，也是对他

人和周围环境的尊重。一身得体和谐的着装似乎在告诉人们：我是一个有知识、有教养的值得你信赖和尊重的人。

（2）仪容仪表能缩短人的心理距离。对美的追求属于人类高层次的心理需求，它能带给人赏心悦目的心理享受。现代社会人际交往频繁，好的仪容仪表容易给对方留下深刻印象，从而拉近人与人之间的心理距离，为进一步交往与合作打下基础。

（3）仪容仪表是树立自信心的有效手段。从社会心理学角度看，我们每个人都有求尊重、求重视的心理。人的自信心不仅来自周围的称赞，更重要的是来自良好的自我感觉。修饰得体的仪容仪表能给自己带来一分好心情，在工作中信心百倍，干劲倍增。

2. 仪容修饰方面要注意的事项

（1）仪容要干净。要注意勤洗澡、勤洗脸，脖颈、手都应干干净净，并经常注意去除眼角、口角及鼻孔的分泌物。要勤换衣服，消除身体异味，有狐臭要搽药品或及早治疗。

（2）仪容应当整洁。整洁，即整齐洁净、清爽。要使仪容整洁，重在持之以恒，这一条，与自我形象的优劣关系极大。

（3）仪容应当卫生。讲究卫生，不要蓬头垢面，体味熏人，这是每个人都应当自觉做好的。

（4）仪容应当简约。仪容既要修饰，又忌讳标新立异、"一鸣惊人"，简练、朴素最好。

（5）仪容应当端庄。仪容庄重大方，斯文雅气，不仅会给人以美感，而且易于使自己赢得他人的信任。相形之下，将仪容修饰得花里胡哨、轻浮怪诞，是得不偿失的。

3. 个人修饰仪容的 5 个方面

（1）头发。人们观察别人时，总是从头部开始。修饰头发，要做到勤于梳洗、长短适中，并且在发型得体的基础上，采取适当的美发技巧。

（2）面容。仪容在很大程度上指的就是人的面容，由此可见，面容修饰在仪容修饰之中的重要性。修饰面容，首先要做到面必洁，即要勤于洗脸，使之干净清爽，无汗渍、无油污、无泪痕、无其他任何不洁之物。

修饰面容，要具体到眼、耳、鼻、口、脖等各个部位。在卫生清洁的基础上，进行适当的修饰和护理。

（3）手臂。手臂是人际交往之中身体上使用最多、动作最多的一个部分，而且其动作往往被附加了各种各样的含义。因此，手臂被称为社交中的身体名片，手臂往往发挥着比纸名片更重要的社交作用。修饰手臂，要注意到手掌、肩臂和汗毛等细节问题。手掌是进行各种社交手段的关键部位，所以，一定要保持清洁干燥，健康温暖，更要时常注意指甲的修剪和美容，以免在靠近或接触别人时引起别人的反感和不快。另外，最应注意的是汗毛，特别是女性，若手臂上汗毛过多、过密，会直接影响到自身的美感，最好采用适当的方法进行脱毛处理。社交中个人形象的大败笔是让腋毛外露，这一点必须杜绝。

（4）腿部。俗话说："远看头，近看脚，不远不近看中腰。"腿部在较近距离常是人们关注的部位。修饰腿部，应当注意的问题同样有三个，即脚部、腿部和汗毛。

一般而言，男人的腿部和脚部是不能在正式社交场合暴露的。而对于女性，则稍为宽容一些，可以穿镂空鞋、无跟鞋暴露脚部，也可以穿短裤暴露腿部，但在庄严、肃穆的场合，这些还是要尽量避免。

脚部和袜子的卫生清洁也是腿部仪容的一大要点。有异味的脚和袜子，

过长或肮脏的脚指甲，拉丝甚至有洞的袜子，都是你的社交形象的死亡宣判书。

（5）化妆。化妆是修饰仪容的一种方法，它是指采用化妆品按一定技法对自己进行修饰、装扮，以使自己容貌变得更加靓丽。在人际交往中，进行适当的化妆是必要的。这既是自尊的表示，也意味着对交往对象较为重视。

4. 仪容仪表修饰的原则

生活中人们的仪表非常重要，它反映出一个人的精神状态和礼仪素养，是人们交往中的"第一形象"。天生丽质、风仪秀整的人毕竟是少数，然而我们却可以靠化妆修饰、发式造型、着装佩饰等手段，弥补和掩盖在容貌、形体等方面的不足，并在视觉上把自身较美的方面展露、衬托和强调出来，使形象得以美化。成功的仪表修饰一般应遵循以下原则。

（1）适体性原则：要求仪表修饰与个体自身的性别、年龄、容貌、肤色、身材有关联。体型、个性、气质及职业身份等相适宜和相协调。

（2）时间、地点、场合原则：要求仪表修饰因时间、地点、场合的变化而相应变化，使仪表与时间、环境氛围、特定场合相协调。

（3）整体性原则：要求仪表修饰先着眼于人的整体，再考虑各个局部的修饰，促成修饰与人自身的诸多因素之间协调一致，使之浑然一体，营造出整体风采。

（4）适度性原则：要求仪表修饰无论是修饰程度，还是在饰品数量和修饰技巧上，都应把握分寸，自然适度。追求虽刻意雕琢而又不露痕迹的效果。

杨安谈心灵吸引力

◆一个人仅仅徒有其表是不够的，但是仪表不修饰，或者修饰不规范也是不可以的。

◆在人际交往中，每个人的仪容都会引起交往对象的特别关注，并将影响到对方对自己的整体评价。

◆人的一切都应该是美好的。美的心灵，美的仪表，美的语言，美的服饰，美的风格，表里需要如一。

巧舌如簧：无本万利

语言是人们每天生活中都要用到的，它贯穿着人的一生，是每个人赖以生存的基本工具。而巧舌如簧不仅是人们日常社会交往中所要具备的一种能力，也是人们无本万利取得成功的重要条件。

世界上没有任何一个正常人不需要讲话、不需要交流，也没有任何一种工作不需要和别人打交道，而人与人之间交流思想、沟通感情，最直接、最方便的途径就是使用语言。语表人意，言为心声。语言是有效的沟通工具，是人类表达思想的载体，是人类不可或缺的成功智慧。

在生活中，巧舌如簧是人们维系亲情、建立友情、追求爱情最直接的方式；在事业上，巧舌如簧是人们维护各种利益关系、扩大交际领域、提升工作能力和办事效率的重要才能；在个人成长中，巧舌如簧又是人们获取知识、增加个人魅力、不断提升自我的有效手段。

　　什么是巧舌如簧呢？伶牙俐齿、滔滔不绝、口若悬河、妙语连珠等字眼都是形容一个人巧舌如簧的高妙，这很容易让人误解，以为说话快、连贯、花哨就是巧舌如簧。其实不然，巧舌如簧绝不仅仅是指讲话利落，实际上它是一个人的综合素养、综合实力的外化，是一个人的思维水平、观察能力、知识储备、表达技巧甚至心理素质、精神状态等各个方面的集中表现。要想巧舌如簧，离不开认真踏实的训练和学习，离不开丰富充实的内心世界。很难想象，一个无知浅薄的人能讲出动人心弦的妙语，一个思维迟钝的人会做出令人回味无穷的应答，一个过分内向、"不敢高声语"的人会成为出色的演说者。

　　如果你是一个大学生，你将面临残酷的就业竞争。在人头攒动、对手如云的人才交流会上，除了你的简历和证书，用人单位更重视的还是你展现给他们的风采。三言两语过去，他们就会在心里给你一个简单的评价。简历可以靠自己多多美言，但巧舌如簧却是你实实在在的一张名片。它上面印刻着你自己都意识不到的至关重要的内容：你的基本素质如何，你的发展前景怎样，你的……虽然"试玉要烧三日满，辨才须待七年期"，仅仅凭一时的花言巧语不可能让一个人终生走运，但是在关键时刻，巧舌如簧能让你在面试中如鱼得水，找到好工作。

　　如果你已经走上了工作岗位，想要在工作中游刃有余，更需巧舌如簧帮忙。如果你是一个善于讲话的人，那么你就好像有了最好的润滑剂，你会感到左右逢源，心情舒畅，因为很多摩擦、很多误会都是由于缺少交流或者交流失败造成的。而那些人缘极好、口碑不错的人，绝大多数是巧舌如簧的人。更何况，如果你的工作主要是靠口语表达或者口语表达起很大作用的话，那更得注意表达的技巧和效果了。

　　一个教师如果不善于用风趣幽默的语言讲课，他（她）的课堂气氛肯定是死气沉沉的；一个文秘工作者如果不能要言不烦地汇报工作，他（她）肯定不会得到领导的赏识；一个服务行业的从业人员如果没有良好的口语能力，他（她）的服务很可能得不到顾客的满意。律师要用"三寸不烂之舌"为当事人争得最大的利益；主持人要用充满亲和力的词句吸引观众的注意力；演员除了面部表情、肢体动作等方面外，更要用口头语言塑造人物；推销员要用自信、热情的语言赢得消费者的欢心；领导者要用口语布置工作；谈判则更是巧舌如簧的较量。

跟那些巧舌如簧的人交谈，比喝了醇酒更令人兴奋，良好的话语可以带给人愉悦和激动，增进人们之间的感情交流与融洽。世界上没有任何一个正常人不需要说话，不需要和别人交流、沟通，也没有任何一种工作不需要和别人打交道。

所以，拥有巧舌如簧，能使难成之事圆满成功，在危急关头化险为夷；拥有巧舌如簧，就能在社会交往中游刃有余，轻松地说服他人，赢得宝贵地与他人合作的机会；拥有巧舌如簧，就能在商战中左右逢源，永远抢占先机；拥有巧舌如簧，能使人们充分地展示出自己的风采，处处受到他人的欢迎和关爱，得到他人永久的支持；拥有巧舌如簧，能使一个人的事业一帆风顺、锦上添花，在人生的旅途上大踏步前进。

要使自己巧舌如簧，就要做到以下几点。

第一，加强学习，提高修养。不断丰富知识，认识问题和分析问题的能力，以及判断和表达的能力，就会得到相应的提高，说出的话才能有水准、有品位。

第二，勤于思考，不断总结。养成勤于思考的习惯，才能思维缜密，说出的话经得住推敲。

第三，学会去粗取精。说话并不是说得越多越好，而是越精越好，如果

不加选择地神侃，就会文不对题、废话连篇。

第四，敢于开口，要克服害羞和怯场，消除心中的紧张情绪。不要因为怕说错话而不敢与人交谈，这样的最终结果是慢慢地与人产生隔阂，不利于自己的身心健康。

第五，说话要循序渐进，注意条理。同样一段精彩的话，杂乱无章地说出来，未必精彩；相反，按照一定的条理说出来，则可让人过耳不忘，达到启迪和教育人的效果。

巧舌如簧是一笔巨大的财富，这种财富没有成本且无本万利；不用纳税，却可以不断地升值；这种技能一经获得，就能受用终身。想做到说话办事精明练达，想在社会交往中如鱼得水，不妨练就巧舌如簧的口才吧。

杨安谈心灵吸引力

◆巧舌如簧不仅仅是一门学问，它还是我们赢得事业成功和生活幸福的重要资本。

◆巧舌如簧是人生的一种重要资本，一个人事业的成功离不开巧舌如簧，而在生活中，不当的言谈则可能导致家庭不和睦。

◆巧舌如簧可以助你变危机为转机，化劣势为优势，也就是说好口才就是成功的敲门砖。

品格道德：人品是吸引力的基石

品格道德，是指一定的社会或一定的阶级的道德原则和道德规范在个人思想行为中的体现，是一个人在道德行为中所表现出来的比较稳定的和一贯的特征。

要走向成功，需要以品格道德立身，这是一个成功者必须确立的内在标准，没有这个内在的标准，人生之路就会失去支撑，最终导致失败。

当一个人过着一种虚伪的生活，戴着假面具，做着不正当的职业时，将受到自己内心的嘲笑，甚至会鄙视自己。他的良心将不住地拷问他的灵魂："你是一个欺骗者，你不是一个正直的人。"这就会败坏人的精神，削弱人的力量，直至彻底葬送人的自尊和自信。

以品格道德立身贯穿于每个人的生命过程，在人生的不同阶段，品格道德对于人的要求虽有着不同的变化，每个人体验和经历的内容也不一样，但是，以品格道德立身的人品，是不变的人生支柱，它对每个人的人生大厦起着支撑作用，是吸引力的基石。

一般说来品格道德具有 3 个基本特征：

第一，品格道德和道德行为是密不可分的。离开了道德行为，就不可能有品格道德；只有当道德行为变成道德习惯，才能形成品格道德。因此，道德行为是品格道德的客观内容，品格道德是道德行为的综合表现。我们衡量一个人的品格道德时，必须以他的道德行为作依据。

第二，品格道德是一种自觉意志的行为过程。任何一种品格道德都是发自内心的自觉意志选择的结果。高尚的品格道德，并不是道德行为的简单积累，也非一时的感情冲动，而是一种坚定道德意志的凝结。在我国历史上曾有许多革命烈士、英雄模范，为革命赤胆忠心，为人民鞠躬尽瘁。他们所展现出来的高尚品格道德，都是对祖国对人民利益具有深刻认识、自觉意志选择的行为表现。

第三，品格道德是指一个人在整体行为中比较稳定和一贯的倾向。所谓

行为整体，一方面是指构成个别道德行为的主客观两方面的统一；另一方面是指个人一系列道德行为的统一。一个人的品格道德，不但体现在他的某一个时期、某一个方面的行为中，而且体现在他一生的所有活动中。一个人偶尔做一件好事，绝不能判定他已"具有好的品格道德"。只有一贯地经常地做好事的人，才能被社会和大家誉为"具有高尚品格道德的人"。

品格道德是一种基本力量。船若没有桅杆，它就只能在无边无际的大海中随风飘摇；桥若没有支撑，它就只能是一座空中楼阁，转瞬即逝；生命正如同船和桥一样，若是失去了品格道德，就只剩下一个骨肉空壳，毫无精神价值可言。

"天行健，君子以自强不息；地势坤，君子以厚德载物。"《周易》早已将品格道德诠释为：君子要像太阳一样有自强不息的作为，要像大地一样有厚德载物的品格道德。

八百年前，岳飞高举"精忠报国""还我河山"的大旗，向经常南下掠夺与屠戮并屡屡侵犯北宋边境的女真政权发起猛烈的还击；辛弃疾归田之后亦唱响了时代的乱世悲歌，鼓舞人们奋力抵抗"侵略者"；文天祥在国破家亡的年代风采依然，为抗击蒙古死而后已。虽然后来岳飞冤死，辛弃疾未见国家复兴，文天祥也未能完成使命就义，这都无足介怀，因为他们品格道德的脊梁为历史撑起了一片明净的天空。一百多年前，林则徐虎门销烟，冯子才勇敢外寇，义和团大破强敌。虽然林则徐被贬，冯子才义愤难抒，义和团被剿灭，但历史早已把他们铭记史册，不因时代变迁而有丝毫改变。

品格道德是世界上最强大的动力之一。在人性的体现上，高尚的品格道德能最大限度地体现人的价值。而具备这些品格道德的人值得大家信赖和效仿，这也是很自然的事情。

尽管天才总是受到人们的崇拜，但品格道德更能赢得人们的尊敬。前者是智慧的产物，而后者却是高尚灵魂的结晶。从长远来看，是灵魂对人们的生活起着主宰作用。天才凭借自己超人的智慧赢得社会地位，而具有高尚品格道德的人则是靠自己的良知来获得声誉。前者是受人崇拜的，而后者却被人视为楷模，争相效仿。

生活中，大多数人都在平凡的生活和工作着，只有极少部分人能成为伟人。但是我们每一个人都可以做好自己的本职工作，最大限度地发挥自己的能力。只要我们用心去完成自己的本职工作，在自己平凡的生活中忠实地履行自己职责的时候，人最高尚的品格道德也就随之而表现出来。在这个世界上，许多人品格道德的光辉同加冕的国王相比，可以说毫不逊色。他们一旦将品格道德和坚定的目标结合起来，就有了无比强大的力量，有力量做善事。有力量抵制邪恶，有力量战胜各种困难和不幸，并给予人们和社会的发展以无形的推动力。而他们自己的能量也得到更多的迸发，拥有了不朽的力量。

任何财富都有耗尽成空的一天，只有高尚的品格道德不会腐烂和被埋没。一个人留给子孙后代的，最宝贵的也是这些高尚的品格道德。

人们的良好品格道德不能自发形成。常言道"玉不琢，不成器"，要修养好品质，必须通过两方面的努力：一方面通过外部的教育和灌输；另一方面，依靠自觉地自我修养。两者相互结合，缺一不可。具体来讲，道德修养的方法有如下几点。

1. 自觉接受教育，努力提高自己

要培养良好的品格道德，首先要接受道德教育。通过道德教育人们可以掌握社会主义道德原则和规范，提高道德意识，增强履行道德义务和进行修养的自觉性。坚定自己的道德信念，自觉开展两种道德观的斗争。

2. 积极参加社会实践，刻苦磨炼自己

只有参加社会实践，才能更深刻地理解道德的原则和规范，并按照这些原则和规范来严格要求自己，积极地进行思想斗争，勿以恶小而为之，勿以善小而不为，才能逐步形成自己的品格道德。如果脱离社会实践，孤立地搞什么"闭门修养"，那是绝对达不到目的的。

3. 学习英雄模范，永远激励自己

榜样的力量是无穷的。老一辈以及各条战线上先进模范人物的高贵品质，是我们学习的榜样，是激励我们奋发向上、自觉修养的动力。只有自觉地向他们学习，对照自己找差距，才能使自己学有目标，赶有方向。

4. 努力慎独

慎独既是一种道德修养方法，又是一种崇高的道德境界。说它是修养方法，是因为进行道德修养需要自我克制、自我监督、充分发挥本人的自觉性；说它是崇高的道德境界，是因为这种道德修养，是在别人看不到、听不到的情况下自觉地不做任何不道德的事情。

5. 开展批评和自我批评

品格道德修养的过程，就是对自己的思想、言行进行反省、检查的过程。因此，开展批评和自我批评，是进行品格道德修养的重要方法。

在现实生活中，影响人们思想品德的因素是多种多样的。有的是催人向上的积极因素；有的是诱人徘徊不前乃至堕落的消极因素。这就需要我们坚持天天"洗脸"，经常清除"灰尘"，通过批评与自我批评，不断地扫除思

想上的"灰尘"。从品格道德修养角度讲，勇于自我批评较之批评更为重要。因为批评只有引起被批评者的内心斗争，才能产生更佳效果。所以，凡是有理想、有抱负、有作为的人，都应严格要求自己，勇于开展自我批评。

人生中，品格道德是人格最重要、最不可或缺的基石。一个人不论身处何位，也不论贫穷富贵，只有品格高尚才能产生真正的力量，并影响深远，赢得人们的尊重，而且这种尊重是发自内心的、真诚的，不是表面上的应付和敷衍。同时，高尚的品格能流传下去，给更多的人以启迪和教育。因此，我们一定要随时随处随地地升华品格道德的修养。只有这样，我们的人生才会实现真正的价值，一切的美好也都随之而来。

杨安谈心灵吸引力

◆品格道德是在各种各样的环境中，在个人或多或少的调节和控制下形成的，它需要经过不断的自我审视、自我约束和自我控制的锻炼。

◆品格道德是最宝贵的财富，它是人们意志和尊严的财富。

◆品格道德体现于人们的思想和行为之中。一个伟大思想家的思想会数百年深植于人们的心中，并会对人们的日常生活和实践产生影响。

灵性智慧：聪明·机敏·睿智

一条妙计，可以赢得一场战争；一个主意，可以救活一个工厂；一则良策，可以成就一桩事业；一个点子，可以反败为胜，化险为夷。纵观古今，横看世界，成功者的伟业中无不蕴含着灵性智慧的力量。帝王将相凭借灵性

智慧成就伟业，领袖人物依靠灵性智慧卓然超群，发明家凭借灵性智慧不断创新，谋略家依靠灵性智慧斗巧用奇。

灵性智慧不仅仅是聪明，不仅仅是机敏，不仅仅是睿智。灵性智慧是我们站在聪明、机敏、睿智的台阶上，用全部的能力，观察这个世界时所张开的那双充满欣赏和不断有所发现的眼睛，是眼中的这个美丽世界融入心灵时绽放的感悟花朵。

灵性智慧是神奇的。人类之所以被称为社会化的动物，那是因为人类可以用高度的灵性智慧，共建精神文明、物质文明。

灵性智慧能改变自己，能改变他人，能改变万物，能改变天地，能使世界产生神妙的奇观，能使人类的文明、文化产生日新月异的进步。

拥有灵性智慧可以使人充满力量，有面对一切困难的勇气，而勇气则是一个人面对一切包括死亡时所表现出来的敢于承担、毫不畏惧、视死如归的气概。有灵性智慧才能拥有成功，拥有一定的地位，拥有不错的事业，拥有令人羡慕的爱情，拥有幸福美满的家庭。灵性智慧令人意气风发，精神饱满，以求得物质和精神的满足。

灵性智慧可以让你控制情感与理性，善于运用知识，能够把握机会。灵性智慧是每一个人都能够拥有的甜美果实，是一把通往人生幸福和生命快乐的钥匙，就如是一条通往美丽风景和世外桃源的路，让你领略无限风光和奇峰幽谷的仙境。通过它，每个人都能在充满希望和期待的人生岁月里，享受到生活的温馨。

灵性智慧能预知人生最好的终极目标以及实现这些目标所需的能力。这种能力能够让人预见哪些事情可以做，哪些事情不可以做。真正伟大的人都有大智，他们知道哪些事情可以做，并且只愿做可以做的事情。无论他们出现在哪里，他们很快就会被周围的人标榜为意志坚定、能量无限的人，很快就会赢得周围人的尊敬。

灵性智慧如风，它能抚遍所有的事物，灵性智慧如水，可以渗透万物，如同空气无处不在，如同阳光普照大地，存在于生命的每一个微小细胞之中。人人都可以拥有灵性智慧，有如阳光不会只偏爱哪一朵鲜花，灵性智慧让每一片绿叶都能沐浴到它的光辉。但是，也并不是每个人都能够真正拥有，它不是每个人生命之树上的特产，除非你努力去获得灵性智慧。

由于灵性智慧的重点和难点是思维能力，所以培养灵性智慧有如下几条主要原则。要真正做到经常进行思维训练，必须把握以下几点。

1. 对思维训练的重要性要有足够的认识

灵性智慧主要指人的思维能力，尤其是人的非逻辑思维能力；而要具有较强的思维能力，尤其是非逻辑思维能力，就必须进行思维训练。

身体要强壮，必须进行锻炼；大脑要发达，必须进行训练。俗话说，"刀越磨越快，脑越用越灵""多思出灵性智慧"。这种观点早已有之。战国时代的《韩非子》提道："智力不用则君穷乎臣。"欧洲近代持"形式训练说"的人认为，要发展官能，除练习以外，没有别的办法，他们认为感官是越用越敏锐的。记忆力因记忆而增强，推理力、想象力则由推理、想象而长进。这些能力如果不用就变弱了。这些简单而又朴素的真理对于我们训练思维能力、培养灵性智慧都有重要的理论指导价值。

2. 必须抽出时间进行思维训练

有人认为，人们在工作、生活的实践中可以使自己的思维得到训练，使思维能力得到培养，不必专门花费时间和精力去进行训练和培养。这是一种片面的观点。因为尽管人们在工作、生活中也可以使思维能力得到训练和培

养，但是这种训练和培养是自发的、不自觉的，所以不能有效地训练和培养人们的思维能力。詹姆士说：我们从清晨起床到晚上睡觉，99%的动作，纯粹是下意识的、习惯性的。穿衣、吃饭、跳舞乃至日常谈话的大部分方式，都是由不断重复的条件反射行为固定下来的东西。

要有效地训练和培养自己的思维能力，就必须花费时间专门去进行思维训练。这不仅对于不在专门进行学习和研究的人来说是这样，就是对于正在学习和研究的人来说也是非常必要的。因为只有进行有效的思维训练，才能有效地培养思维能力，增长灵性智慧。

现代生活的节奏变快了，人们也比过去更忙碌了。许多人花费大量的时间去做很多事，唯独不知道、也不愿意花费时间去培养灵性智慧。从某种意义上说，这样做类似于舍本逐末。因为不抽出时间去思考，人们的思维能力就不能得到有效的提高，人们的心理得不到调整，很多问题不能得到很好的、很有效地解决。

因此，在丰富多彩又波光诡谲的生活大海，要做一个驾驶生活、创造生活、美化生活的高手，就必须拥有超人的灵性智慧。灵性智慧可以提升，可以创造，可以化无为有，化不利为有利，可以最大限度地改变一个人甚至千千万万人的命运，正是灵性智慧，引导我们一步步走向自由。

杨安谈心灵吸引力

◆每个人都想成功，每个人都渴望成功。智慧是人们富有勇气、创造成功的砝码与基石。

◆超人的智慧往往孕育在开阔的思想、远大的目光和美好的情怀之中。

◆智慧让生活充满奇迹，当你的智慧胜人一筹，你就可以将别人认为的垃圾变成金子。

知识水平：学富五车必有磁力

现代社会最值钱的是什么？是人才。人才从何而来？学习而来。是那99%的汗水造就了人才。"唯一不变的就是变化"，在科技发达、高等教育日渐普及的今天，人才越来越多，你只有做人才中的人才才能取得成功，而这恰恰是需要你不断地学习才能实现的。

你得学会利用时间去学习，去充电。学习这件事不在乎有没有人教你，最重要的是自己有没有觉悟和恒心。只有当你做到时时在学习、事事在学习的时候，你的知识才能越来越丰富，从而达到融会贯通的地步，使之越积越厚，为你的成功垫上厚厚的基石。

学习是人生必不可少的事情，不断学习更是人们取得成就的需要，用知识改造的不仅仅是你的头脑，更是你的生活。只有你的头脑达到了相当的境界，你的生活才会变得和别人不一样。你对知识的驾驭能力、对问题的解决能力、对资源的整合能力，都会是你快速取得成功的法宝，而这些能力从何而来？就从你的不断学习中来。

人们时刻都在竞争，而你有了资本才能和别人竞争，资本越大，你赢的机会当然也就越大。你的资本就是通过你不断学习而储备的知识，如果你胸中无墨，那么给你再好的纸和笔，你也做不出一篇好文章。成功的人懂得不能放弃学习，因为放弃学习就等于选择了与时代脱轨，那么必定会被社会所淘汰。当代社会是信息社会，要想比别人先一步成功，就得以最快的速度把

握最新的信息，而这信息也就是知识。

在这个世界经济形势日新月异的时代，知识越发显得重要，通过终身学习来获取知识成为人们越来越爱讨论的话题。

不管你承认与否，在知识经济时代，"知识分子"注定要扮演各行各业的"主角"。他们把握时代脉搏，领导时代潮流，站在时代前列，渊博的知识、丰富的经验和超凡的能力是他们获取成功的资本。

英国唯物主义哲学家弗兰西斯·培根在《新工具》一书中提出了"知识就是力量"的著名论断，他写道："任何人有了科学知识，才可能驾驭自然、改造自然，没有知识是不可能有所作为的。"

随着社会的发展，知识的作用愈加重要，特别是知识经济已经来临的今天，可以说，知识不仅是力量，而且是最核心的力量，是终极力量。

要增进自己的知识，书就是真正的秘诀所在，多阅读书籍，不断地充实你的内涵。通常来说，应当掌握的最基本的知识有以下几方面。

第一，文化知识。

文化是指大文化，是人类在社会历史发展过程中所制造的物质财富和精神财富的总和。诸如天文、地理、历史、文学、艺术、哲学、经济、法律，等等。这些知识往往以成语、典故、佳作、名言、警句为载体，最能陶冶情操、提高修养、开阔视野。

第二，专业知识。

所谓"术业有专攻"，人一生精力有限，不能做一个博学家，就要精于本职工作，熟练掌握专业知识。

第三，处世知识。

处世就是指处理人情世故、社会活动、与人交往。每个人与社会都有千丝万缕的联系，作为人类社会的一分子，没有基本的为人处世之道，是无法在社会上立足的。

第四，世事知识。

世事知识指的是社会生活中方方面面的常识、经验、教训、风土、人情、习俗，等等。这种知识是一种客观存在，一般无须潜心去学；只要不脱离社会生活，在实践中都能逐步体会、感悟得到。

专业知识的获得，一是靠学习，二是靠实践。当今社会是信息社会，知识更新迅速，一个好的专业人员不关注本领域的最新进展，就无法发现自身的知识盲点，既不利于工作，又不利于能力的提高。

现代知识浩如烟海，其更新过程越来越快，如仍沿用旧的单凭大脑记忆的方法，已难以适应时代的需要。要改变这种状况，不得不讲究科学的知识储备方法，学一点知识储备的艺术。

知识的储备，一般分内储、近外储、远外储三种。随时需要抽取的常用知识，应巩固地记入大脑，作为内储，而对通用性稍次或不易记的人、事、地名、公式、数据等，则以选放书籍、笔记的形式置于身边，以便随时查阅，作为近外储；对不常用而凭记忆无力保存的有关知识资料，则划归远外储，用时到图书馆、资料情报部门查找即可。

内储是把知识巩固地记入大脑。记忆方法有理解记忆法、特征记忆法、感官并用记忆法、简要记忆法、复习记忆法等。新知识在学习后的短期内遗忘最快，遗忘后再通过复习唤起记忆是很困难的。因此要及时复习，随着巩固程度的提高，复习次数渐减，间隔时间渐增。

知识的内储过程要保持高度注意力和适当的紧张度，方能事半功倍。

近外储包括存书和记笔记，它弥补内储的不足。存书不必注意外表的整齐，各种开本书可以挨放在一起，主要是以内容分类、编号、建立卡片，随用随取，以便扩大大脑储存的知识。

除了存书，还要学会记笔记，俗称"心记不如墨"是有一定道理的。笔记是帮助我们储存知识的良友。笔记方法有纲要笔记法、书眉笔记法、心得笔记法、摘引笔记法等。

"知识在于积累"。记笔记是储存知识的重要方法。只要常年坚持，日积月累就会聚沙成塔。把记笔记与适当存书有效地结合起来，就可以在我们身边建起一座高效益的知识仓库。

当代科学既高度分化又高度综合的形势，迫使人们不断扩大知识领域。即使充分运用记忆力、藏书和笔记也满足不了人们对于知识的需求，应付不了当今的"信息爆炸"。这就要求我们加强运用远外储的能力。

知识，从古至今都是智慧和力量的代表，这是多年来人类所总结出来的经验。知识控制了通往机会与进步的大门，我们若想获取命运的垂青，就必须不断提升我们的知识含量。只有这样，才能把握时代脉搏，领导时代潮流，站在时代前列，以渊博的知识、丰富的经验和超凡的能力，从而取得成功。

杨安谈心灵吸引力

◆人没有钱财不算贫穷，没有学问才是真正的贫穷。因为钱财的价值有限，而知识的价值无限。

◆有了知识积累，命运便会为你开启一扇幸运之门，使你一步步走向成功。

◆新世纪的最大能量来自学习，最大竞争也在于学习。面对信息的裂变、知识的浪潮，"终身学习"是每个现代人生存和发展的基础。

第四章

拉近心与心的距离

付出热忱：冷漠会拒人于千里之外

生活中，没有一个人喜欢与无情冷漠的人交往。冷漠的人根本不在乎朋友，只在乎自己。冷漠的人注定不会幸福。而付出热忱却能够鼓舞及激励一个人对手中的工作采取行动。不仅如此，它还具有感染性，不只对其他热忱人士产生重大影响，所有和它有过接触的人也将受到影响。

热忱是人生的一笔资源、一笔财富。凭借热忱，人们可以释放出潜在巨大能量，培养出一种坚强的个性；凭借热忱，人们可以把枯燥乏味的工作变得生动有趣，使自己充满活力，培养自己对事业的狂热追求；凭借热忱，人们可以感染周围的同事，让大家理解你、支持你，拥有良好的人际关系；凭借热忱，人们更可以获得老板的提拔和重用，赢得宝贵的成长和发展的机会。

拿出100％的热忱来对待1％的事情，而不去计较事情是多么的"微不足道"，你就会懂得，原来每天平凡的生活竟然是如此的充实和美好。

热忱与成功之间的关系，就好像汽油和汽车引擎之间的关系一样。热忱是行动的动力。只要你凡事都怀有热忱地去付出，拿出你蕴藏的力量来，这股力量可以改变你人生中的任何层面，能扭转你的环境，使你美梦成真。

热忱是战胜所有困难的强大力量。没有热忱，军队就不能打胜仗，雕塑就不会栩栩如生，音乐就不会优美动人，诗歌就不能感动人的心灵，人类就

没有驾驭自然的力量，这个世界上也就不会有慷慨无私的爱。

《鲁滨孙漂流记》中是什么支持着他能在孤岛上独自一人生活了 27 年呢？是他的意志，还是对生的执着。但从他的身上我们能感受到一份火一样的热忱，感受到有热忱就有生命和希望的存在。

有人形容：热忱是人生的太阳，是人的生命之火的燃烧。是的，热忱会衍生出许多好的素质：它会使人产生欲望，产生信心，产生行动的冲力。热忱更是创造杰出人才的源泉。那些功勋卓著的政治家、军事家、思想家抑或是科学家、文学家、艺术家、企业家，哪一个不充满着火一样的热忱？如果鲁滨孙没有对航海的热忱，就不会造就他传奇般的一生了。

芸芸众生，不一定每一个人都能成为名门望族的一员。但是热忱却是平凡人身边的一座金矿，只要你去挖掘，它就会为你献上无尽的宝藏。热忱会使穷人变成富翁，使愚者变成智者，使流浪汉变成语言大师，使衰弱的躯体变成健康的生命。拥有热忱，你会看到一个身影——一个跨越旷野，朝着地平线的太阳直奔而去的身影。

一个热忱的人，会使一顿普通的晚餐，变成一次快乐的盛宴；而一个不热忱的人，会使一次难得的聚会，变得索然无味。

热忱，贯穿人的一生，在每个方面滋长。给别人以愉快，是对世界负责的一种表现，也是对生命的一种礼赞。

热忱无固定版本与模式，表现形态应该是多元化的。为事业献身是热忱，为爱好钻研是热忱，助人为乐是热忱，保护自身权益是热忱，对邪恶现象拍案而起是热忱，参与社会公益活动是热忱，闭门读书也是热忱。

任何一个人，只要找到了对生命的热忱，他就成功了一半。拥有了对生命的热忱，工作就不会再平凡无聊，生活也不会再枯燥乏味。成功的主要方法之一，就是每天保持对生活的乐趣，对生命充满热忱。因此热忱的生活，就是你对幸福生活的追求。

人们内心深处都有像火一样的热忱，可是却很少有人能将自己的热忱释放出来，大部分人都习惯于将自己的热忱深深地埋藏在内心深处。这些人的意志力很脆弱，经不起一丁点儿的失败，在工作时，一遇到挫折就对自己失去了信心，认为自己不行，一天到晚愁眉不展，怨天尤人，根本无法振作精神，坚持也就变成了断断续续的拖延，即使有好机会使问题出现转机，他们也会因为没有丝毫的热忱而失去难得的机会，不但工作做不好，甚至还可能因此而付出更惨痛的代价。

为了发掘我们的热忱，我们首先要认清我们心中的真实想法，把我们心中影响热忱的因素从心底除去。

大部分人在工作时，心中或多或少都会抱有这样的念头："我不行，因为这种事得具备某种条件才行。""这种工作只有受过训练的人方能完成。""唉，我已经老了。""我已经不具备这种能力了。"……

所有这些念头，都像一盆盆冷水一样浇灭了人心头的热忱之火。如果你时常抱有这些念头，那么你只能使自己束缚在冷漠之中，时间久了，你就会变得一点热忱也没有，而拒人以千里之外了。

那么，怎样才能增强热忱呢？以下几个步骤值得尝试。

1. 了解是热忱的开始

想要对什么事热忱，先要学习更多你目前尚不热忱的事。了解越多，越容易培养兴趣。所以，下次你不得不做一件事时，一定要应用这项原则；发现自己不耐烦时，也要想到这个原则。只有进一步了解事情的真相，才会挖掘出自己的兴趣。

2. 无论做什么事情，都要充满热忱

你热忱不热忱或有没有兴趣，都会很自然地在你的工作中表现出来，没有办法隐瞒。因此，你应该尽量让自己在做任何一件事时都充满热忱，要知道，你的热忱是别人绝对能够感受到的。

3. 与人分享好消息

好消息除了引人注意以外，还可以引起别人的好感，引起大家的热忱与干劲，甚至帮助消化，使你胃口大开。

因为传播坏消息的人比传播好消息的要多，所以你千万要了解这一点：散布坏消息的人永远得不到朋友的欢迎，也永远一事无成。

4. 重视他人

每一个人，无论他是哪国人，无论他默默无闻或身世显赫，文明或野蛮，年轻或年老，都有成为重要人物的愿望。这种愿望是人类最强烈、最迫切的一种目标。

只要满足别人的这项心愿，使他们觉得自己重要，你很快就会步上成功的坦途。它的确是"成功百宝箱"里的一件宝贝。这种做法虽然很有效，但懂得使用的人却很少。

5. 行动

行动可以是实质的，也可以是心理的。思想将感情从消极变为积极，行动同样具有效力。在这种情况下，行动不论是实质的或心理的，它都领先于感情。你的感情经常受理智支配，可是它们却受行动的支配。

要变得热忱，行动须热忱，并让这个自我激励的词深入到潜意识中去。那么，当你在创造过程中精神不振的时候。这个激励词就会闪入到你的意识中，亦即时机到来，就会激励你采取热忱的行动，变消极为积极，产生动力"现在就做"。

6. 对自己一日三省

你对人生、对事物、对他人、对自己持怎样的看法和态度？若一个人的思想被迟钝、有害的各种病态心理占据着，热忱就缺乏生长和生存的土壤。要改变这种状态，关键的是需要自己做出努力，要不断鼓励自己，给自己打气。尝试着这样充满信心与热忱地去投入到工作和生活中，你就必然会有更丰富的收获。

付出热忱就像金秋十月无私的阳光，既温暖了自己，也同样普照了他人。付出热忱会使你精神百倍，昂然奋进，会使你充分释放出身体里蕴含的能量，发掘自己巨大的潜能，帮助你取得更辉煌的成绩。

杨安谈心灵吸引力

◆无论我们现在的工作是多么的微不足道，只要我们能用进取不息的认真态度、火焰似的热忱去工作，那么，用不了多久我们就会从平凡的工作岗位中脱颖而出，崭露头角。

◆只要我们确立的目标是合理的，并且努力去做个热忱的人，那么我们做任何事都会有所收获。热忱还可以补充精力的不足，发展坚强的个性。

◆热忱的力量有着不可思议的魔力。当这股力量被释放出来支持明

确目标，并不断用信心补充它的能量时，它便会形成一股不可抗拒的力量，并足以克服一切艰难。

理解对方：换位思考感受更真切

换位思考，从字面上理解就是站到他人的角度，理解他人，为他人着想。学会换位思考，是能够宽容和谅解他人的重要前提。在我们被他人"冒犯"或"误解"的时候，不妨站在他人的角度，体察对方的处境，了解对方的用心，也许很快就会原谅对方，甚至还会对他心生尊重。

换位思考可以更清楚地了解自己。"不识庐山真面目，只缘身在此山中"，由于缺乏必要的参照物，我们无法对自己有一个彻底的认知，但是如果我们能"灵魂出窍"，从别人的角度看自己，就会得出一些意想不到的结论，对自己的认识也会有一个质的飞跃。这能让我们以后不论做工作还是与别人交往都会选择适合自己的，从而让自己的工作表现更加出色。

换位思考可以了解到对方的想法，让自己更容易理解对方。我们在工作中总会对别人的一些做法不理解，甚至产生抵触情绪，这种情绪的存在多少会对我们的工作产生负面的影响，造成自己无法和同事达成工作上的默契。只有通过换位思考，站在对方的角度，思考对方为什么这样做，一切迷惑才有可能迎刃而解，彼此间的信任和友谊也会更上一层楼。

换位思考让自己更通人情。换位思考可以让自己真实地体会到别人的感受，从而在思想上产生共鸣，在行为和感情上更能让别人感受来自你真诚的关怀，这种关怀避开了冷冰冰的说教和制度，在表现上更灵活，更贴近别人的实际情况，因此更能感动别人。

通过换位思考，可以更好地做到宽容对待别人。从别人的角度思考问题，你就会发现别人的一些曾经让自己不快的行为完全是正常的个人反应，换作自己也会那样做，这样一来，你就会发现别人的做法没有什么让自己埋怨的地方。如此，自己对别人也就会多一分宽容，少一点苛责。

换位思考可以让自己与同事之事的矛盾得到最公正的解决。俗话说："若要公道，打个颠倒。"换位思考可以让自己从对方的角度体验到同一事情对对方的影响，更全面地掌握情况，了解对方需要的和反对的，从而做出符合各方利益的判断。每个人所处的环境和位置不一样，如果考虑事情都从自身利益出发，一味地要求别人顺从自己的意愿，这其实就违背了别人的意愿，只有通过换位思考，才能做出对每个人都有利的决定。

换位思考是人际交往的黄金法则。与人相处时，相互间的理解非常重要。而将心比心、设身处地却是达成互相理解的必不可缺的一种心理机制。只要我们能够学会换位思考，把自己的内心世界，如情感体验、思维方式等与他人联系起来，站在对方的角度考虑问题，沟通和理解自然会顺利，我们的人际生态环境相对也会和谐、完满许多。

而生活中，那些不会换位思考，却以自我为中心的人，自私自利，不考虑他人感受的人的结局只能是悲惨的落幕。所以，如果你不想让自己的人生有一个惨淡的结局，就要学会理解别人，学会换位思考。

1. 沟通是换位思考的关键

以自我为中心的人，就如同大海上孤立无援而失去方向的船只，或是被巨浪吞没，或是触礁而亡。一个人要想摆脱这样的处境，就要与人交流，交流之后你才能知道别人对某件事情的看法，对你个人的看法。这样，你才不会只考虑自己感受，因为你的脑海里已经有了另一个人的观点。

2. 尊重别人是换位思考的必要因素

大多数情况下，一个以自我为中心的人，都是不懂得尊重别人的人。要想改掉自己的坏毛病，不想再让自己的感情用事伤害别人以及影响自己发展，我们就要从尊重别人开始。

3. 懂得多角度想问题

以自我为中心的人，脑子里一般就只存在一种思维：只想着自己。所以，懂得多角度思考问题的人，才更能学会与别人换位思考，摆脱感情用事的困扰。

4. 换位思考需要抛弃一切成见

不能带着某种感情色彩对别人进行换位思考，那"思考"出来的结论也是带有一定的倾向性的，不能达到换位思考的真正效果。

5. 换位思考要按一般人的思维习惯进行

站在别人的角度看问题，不能用自己的特殊逻辑来分析问题，以为自己这样想，别人也会这样想，这样思考得出的结论不足以代表他人的真实想法。

6. 换位思考以事实为依据

换位思考"套取"别人的真实想法，就要以别人做出的具体事实为依据，思考别人如此行事的目的和原因，切不可捕风捉影，任由自己天马行空般地胡乱联想。

不同的生活，不同的环境，不同的人生观，不同的思考方式，不同的身份，决定了思考角度的不同。或许两个人的思想会有冲突，但请设身处地地为对方想一想，涌入内心的埋怨或是愤怒便会消失，视界也会更加广阔，看到更多事物的真相。

因此，请拿出虚怀若谷的胸襟，时时换位思考吧。你会发现，世界原本可以如此美丽，生活原本可以如此丰富，精神原本可以如此充实。

杨安谈心灵吸引力

◆换位思考是一种美德，同样也是一种极为睿智的人生哲学。

◆换位思考重在化解矛盾、消除误会，不管运用什么样的思维方式，换位思考的最终目的都是增进了解、增加友谊，以更加宽容的心态去对待别人，做到同事间的和谐相处。

◆换位思考，体现了人际交往中的一种爱护、一种体贴、一种宽容、一种理解。

展现同情：心理鼓励和行动支持

同情贯穿于人类发展的整个历史。当一群猿猴吱吱呀呀地站了起来，开始用他们的双手进行艰苦异常的劳动时，人类的祖先便开始了与大自然的长久抗衡。然而，在大自然跟前，个体显得那么的微不足道。当我们回溯历史，看到祖先的"群居"，人与人之间的和睦相处，我们多么感叹情感的交流，普遍的"同情"，给予了人类祖先多大的力量，在那狂暴的自然历史

中，"同情"给了人类的生存与发展多大的契机。

当人类产生，社会形成时，人际关系便逐渐地在扩展其自身在社会生活中的地位。在社会历史长河中，我们遭受了太多的惊涛骇浪，然而，我们都坚强地挺过来了，我们没有被"击倒"，我们依旧站立在自己的土地之上，只因为我们是"我们"，而不是"我"。我们同舟共济、同病相怜。在暴风雨中，我们用彼此的心灵温暖着彼此，心与心的碰撞，心与心的抚慰，我们因彼此的同情而感到坚实的后盾。在困苦中，我们找到奋进的动力。

而如今，我们却发现，人们已花太多的时间去改造外部世界，却也因此耗尽了本身的能量。理性的发达以情感的牺牲作为代价，同情因而变得弥足珍贵。那是一种理解的爱、抚慰的爱、关怀的爱。在匆忙的工作劳累中，犹如清泉，灌溉着彼此干渴的心灵，平息了因生活工作节奏带来的情感交流缺乏与人心底的本能渴望的冲突。

我们需要"同情"，我们展现同情，而我们心理鼓励和行动支持的同情付出，得到的将是他人一辈子的感激回报。在这个时代，这是何其宝贵的一笔财富。

当我们对一位愤怒者抑或失落者说："我一点也不怪你有这样的感觉。如果我是你，毫无疑问的，我的想法也会和你一样。"我们满怀真诚，因而平息了一个人的怒火，阻止了一场即将爆发的争执，帮一个陷入沮丧的人找到重新站起的活力。我们的言语虽简单，"同情"本身却使充满怒火的人把你当成了知己，因而不再狂暴；让充满沮丧的人觉得这个世界还有人同他一样，渴望重新振作的他，便找到了支持者，因而恢复了活力。

某些时候，对某些人，我们常会感觉到同情或温暖，但我们却没有采取行动。我们每一次扼制自己表达同情，就更不敢表达它，或更相信自己不敢表达。但我们可以逆转这种循环。只要我们一感觉到同情，就把它付诸行动，一定可以学会如何接受和给予，而且不再害怕表达它。

"当我们感觉到同情"是最重要的一刻。将动机付诸行动，就会增强信心。这表示，如果我们无法暂时忍受一下对他表现同情的话，那么我们也无法同情他。可是如果我们已经将同情变成行动的话，就会更同情他。

所以开始的时候，你可以找个所同情的人，或偶尔同情的人练习这个原则，譬如你的亲戚，或高兴见到你的老朋友。但这有个唯一的先决条件——你必须感到自己真正同情他，然后你才能增强这种感觉，而不需压抑自己。这完全和命运无关。

如果你自己也不知道是不是真的同情他的话怎么办？你可以花几分钟想象一下，假设世界上不再有他，你再也看不见他了，你会想再对他说什么呢？"谢谢你""我很难过"还是"我同情你"？你的生活中从此将失去什么？你朋友的笑容？美好的时光？伴侣？智慧？感觉？还是活力？好好把它界定清楚。如果你真的同情他，你将发现许多答案。只要花点时间想想他对你的价值，你将更加同情他。

增强同情心的最好办法，就是采取同情的行动支持。同情的行动不带任何其他的目的，它纯粹是为了表达自己的感觉，当你想起同情的人，心里泛出一股暖意，于是打电话给她："我只是想听听你的声音，你现在有没有时间，我们聊聊天？"这就是一种同情的行动，坦诚、直率而充满感情。

假设你送别人一样礼物，你可以说："我想你用得着它，所以送给你。"或者也可以说（如果是真心的）："我觉得你是个很好的人，所以把这个送给你。"假如两句话都是发自内心，那么后者一定会使你变成一个更可同情的人。

我们以各种理由送别人礼物，很可能每一句话都在我们的生活中占着极重要的分量。但是只有表达真正的感觉，才能增强你的同情。如果你同情某

个人，却不表达出来，你不仅是欺骗别人，你也在欺骗自己，假装没有感觉的能力。

当然，以上所说的只是建议，如果能出自你的内心，不管是一句话还是一个行动，只要能表达同情，都是好的。最重要的是，投入感情之后，任何心理鼓励和行动支持都将使事情耳目一新。

我们之所以不是"机器"，就是因为我们有了情感。因为有了情感，才有了喜、怒、哀、乐。我们并不指望人生"消除怒气与哀怨，因为人生难免磕磕碰碰"。也正因为如此，我们呼唤"同情"，也需要用心地去给予他人同情。

杨安谈心灵吸引力

◆事实上，社会上许多道德行为和公众的侠行义举均源于同情。

◆是啊，我们需要同情，整个世界都需要同情。同情就是一种神奇的感觉，在中和酸性的狂暴感情上，有很大的价值。

◆同情是人类道德发展的基础，是驱使我们相互帮助、相互关心的动力。

乐于助人：让助人成为一种习惯

乐于助人是我们中华民族的传统美德，其实帮助别人获得收益的并不只是对方，还有我们自己。在给他人满足的同时，我们自己的内心也得到极大的满足和成就感。

乐于助人，在心理学上也叫作"亲社会行为"或者"利他行为"。"利他行为"是指一种以便利他人为目的，不计较个人得失，不期望对方报答，自愿帮助人的行为。这种行为在生物学被解释为物种保证延续下去的一种本能。

比如，在动物大迁徙过程中，前面的动物明知道前进意味着危险甚至死亡，但是它们还是不停地向前迈进，甚至以死来为后继者铺路。当然，它们有时候是无意识的，只是遵循着本能的召唤。而我们人类是有意识的，我们在帮助人的时候是有自己的思考的，为着某些目的，比如希望别人好，帮助别人渡过难关，别人开心，自己也很开心。

一个懂得乐于助人的人，是一个有福气的人，因为心中充满了爱，所以能常保欢喜心来过日子。

你是否发现，遇到问题时如果将所有的焦点都放在自己不悦的情绪上，负面情绪就会越来越强烈，最终问题仍旧无法解决。其实，真正有形的问题是很容易解决的，最难解决的是无形的问题，也就是自己的"心情"。如果将注意力都放在个人的需要上，就会有很多欲望，当然就不会开心；如果将焦点放在别人的需要上，那么助人的过程中，油然而起的欢喜心，会让你成为真正富裕的人。

因此，助人是快乐之本。帮助了别人，你不仅能得到心灵的欢愉，而且在自己需要帮助的时候可获得别人的帮助。所以，随时随地都不要忘记助人一臂之力。为了不失去帮助别人的任何机会，你可以设法满足别人的需要，也可以不断地充实自己，使自己更有能力帮助别人。你要自动帮助别人，不要等到别人开口求助才施以援手。急公好义，必定会受人欢迎。

不要只顾自己、不关心他人，因为如果你只是一味埋头做自己的事，对身边的人不闻不问、不理不睬，即使你把自己的事处理好了，也不会有人分

享你成功的快乐。假如能够关心别人，能为别人解决困难，又能尽量满足别人的需求，情形就大不相同了。

助人往往与其他的某些关系、原则是一样的，帮助他人，付出你的真心，全心全意去帮助一个人，不仅使你的生活变得绚丽多彩，而且让那些受你帮助的人改变了对你的看法。只有自己真诚地帮助了别人，才能让自己的帮助显得更加伟大，别人有可能在你需要之时让你获得一定的利益。

只要我们付出真心去乐于助人，别人反过来也会帮助我们。每一位名人的成功几乎都是创造了被别人利用的价值，帮助别人得到他们所想要得到的，从而得到了自己想要的。

虽然我们并不提倡在帮助人时抱有求回报的目的，但是，人大都并非完全没有私心，很多人在乐于助人时往往抱有其他目的，比如期望他人给予自己一定的回报，或者希望别人感激自己，或者希望在他人眼中塑造一个美好形象等。只要不过分，也还是情有可原的，这是个成长的过程。由希望回报，再到不求回报，人的精神境界也会得到升华，本质力量也会得以大大增强。

不管怎么样，只要我们助人是怀着一颗爱与美的心，怀着对他人美好的祝愿和祝福之情，都是应该得到认可和提倡的。乐于助人无论是"雪中送炭"，还是"锦上添花"，都能够在满足他人愿望的同时，愉悦自我的心情。看到别人摆脱困境时的快乐笑脸，你会觉得自己的所作所为是有价值的，你会收获一份满足感、成就感。

身处困境的人，往往需要来自别人的帮助，哪怕是得到一句温暖的问候和鼓励，他们就会感觉像拥有了冬日里的阳光一样。只要我们为他们献出一丝温暖的关爱，我们就等于为他们营造了一个幸福的春天。

"勿以善小而不为"。帮助别人有很多方法，千万不要因为事小而不为。

助人为快乐之本，最重要的是能将这种助人为乐的精神延续扩大，让更多的人受惠，让更多的人快乐。

乐于助人就像一把雨中的花伞，就像冬天里的一把火，就像滋润干涸心灵的一滴甘露，是每个人快乐的源泉。让我们用自己美丽的心灵传递人间的真情，把助人为乐作为生活中的一部分，把乐于助人放到我们所做的每一件事中去，让乐于助人成为一种习惯，用自己的真心去关爱和帮助他人，用自己的诚心去温暖和滋润他人，你的生活也定会充满绚丽的美好。

杨安谈心灵吸引力

◆乐于助人是一种美德，更是一种大智慧。

◆乐于助人，不仅能为他人提供精神动力和智力支持，使他们顺利渡过难关，还能给自己的内心以满足感和成就感，从而让自己感到幸福和快乐。

◆真诚地帮助他人，可以使你的工作生活变得更加有意义。

宽容大度：谅解对方的失误和过错

宽容大度是一种非凡的气度、宽广的胸怀，是对他人不经意的失误和过错的理解。宽容大度是一种高贵的品质、崇高的境界，是精神的成熟、心灵的丰盈；宽容大度是一种仁爱的光芒、无上的福分，是对别人的释怀，也是对自己的善待；宽容大度是一种生存的智慧、生活的艺术，是看透了人生之后所获得的那份从容、自信和超然。在人生中，我们要学会宽容大度，善于

谅解失误和过错。

谅解，指了解实情后原谅或消除意见。如果人与人之间没有谅解，那将会没有人际关系的和谐；如果社会交往中没有谅解，那每个人将会被争吵与喧闹所包围；如果人间没有谅解，那人间将会成为一个结怨和报复的世界。因而一位伟人意味深长地说："同志之间的谅解、支持与友谊比什么都重要。"

谅解对方的失误和过错，是人类的一种美德，它闪现着人的高尚人格；谅解对方的失误和过错，是拂在人们心头的春风，它可以融化结在人们心头的寒冰；谅解对方的失误和过错，像一支饱蘸思想感情的笔，它可以把胸中积怨一笔勾销，在两颗心灵之间架起一座友谊的桥梁。

在传统的伦理道德文化中，谅解占有重要的位置，它是为人处世应奉行的一条重要原则。孔子说过："己所不欲，勿施于人。"就是说，无论做什么事，都要推己及人，将心比心，以自己的感受去体会别人的感受，以自己的处境去想象别人的处境。孔子讲的推己及人的思想，包含了理解、谅解他人的深刻含义。

唐代韩愈在《原毁》中说："古之君子，其责己也重以周，其待人也轻以约。"把严于律己、宽以待人作为君子应该具备的品格。这些都体现了在人际关系中的谅解精神。

谅解不是嘴上说说就算的事，真正的谅解是从内心不计较。

谅解，需要真诚地接受；谅解，需要坦然地忘却；谅解，需要有退一步海阔天空的胸怀。朋友间的谅解，是一笑泯恩仇的释然；亲人之间的谅解，是亲缘的无可割断；夫妻间的谅解，是吵过嘴后轻轻递给对方的那杯香茶；同事之间的谅解，是大家同心协力完成工作。学会了谅解，你才会真正明白什么叫"反观自己难全是，细论人家未尽非"。学会了谅解，你才能真正享受到"处处绿杨堪系马，家家有路到长安"的潇洒。

学会谅解，需要以倾听为起点。

当自己与对方发生矛盾或误会时，要主动与对方交谈，细心地去倾听对方的诉说。客观事物总是异常复杂的，而个人的认识、想法往往带有一定的局限性与片面性，因此，产生一些误解或误会并不少见。

如果在交谈时，能耐心而认真地去听对方的陈述，就会有助于了解对方的心情、处境和苦衷，有助于沟通双方的思想感情，有助于消除误会和误解。

学会谅解，需要以理解为前提。

在工作与生活中，当与别人发生磕磕碰碰不愉快的事情时，要努力把自己的恼怒情绪引入冷静理智的思考，使自己的感情升华到理性行为，设身处地地为对方着想，去理解对方。只有理解，才能谅解。只有体谅和同情对方，才能从个人的恩怨中解放出来。

学会谅解，更重要的是要保持宽容大度的胸怀。

在现实生活中，我们看到有两种"循环"：一种是你能宽容和谅解别人，别人也会宽容和谅解你，如此良性循环，便会形成了一种和谐的气氛，给人一种安全感和舒畅感。第二种是你不谅解别人，别人也不谅解你，如此恶性循环，矛盾便会日趋激化，使人有一种紧张感和恐惧感。

当然，我们讲的宽容大度和谅解全部都是在坚持原则的前提下进行的，正确地处理好生活中遇到的矛盾，便可使我们在相互谅解的过程中携手前进。我们的工作将会更加和谐，我们的队伍将会更加团结。

那么，怎样才能拥有宽容大度，谅解对方失误和过错的胸怀呢？

1. 要淡泊名利，宁静致远

只有淡泊名利，才能宁静致远，才能开阔胸怀，才能以宽容的、超然

的态度对待生活中的人和事，才不会因个人利益患得患失、斤斤计较，才能做到难得糊涂。难得糊涂，表面上看是"糊涂"，但实际上正是"大智"的表现。而那些自私自利、争名夺利、患得患失、斤斤计较的人，被名利所困，眼界不会宽广，心胸不开阔，表面上看非常"精明"，实际上正是"糊涂"的表现。"君子坦荡荡，小人常戚戚"。私心杂念少了，心胸自然就开阔了。

2. 要向榜样学习

人们常说，"榜样的力量是巨大的"。选择那些心胸宽广、豁达大度的人，作为自己学习的榜样，就会使自己也逐渐地养成他们那样的豁达大度的品质。用来学习的榜样可以是古今中外的杰出人物，也可以是生活中自己所熟悉的某个心胸宽广的人。向榜样学习就是要了解他们的事迹，体验他们的思想情感，领会他们对人对事的态度，感悟他们的人生信条，向他们那样为人处世，最终养成他们那样的宽广胸怀。

3. 收集可以开阔胸怀的名言警句

名言警句是人类智慧的结晶，蕴含着深刻的人生哲理。收集那些可以开阔胸怀的名言警句，仔细地品评它所包含的道理，就会使自己也变得心胸宽广起来。可以开阔胸怀的名言警句很多，比如毛主席的诗句，"丈夫何事足萦怀，要将宇宙看秭米""度量大如海，意志坚如钢"，以及前面提到的"大肚能容，容天容地，与己何所不容；开口便笑，笑古笑今，凡事付之一笑"和生活中人们常说的"和为贵，忍为上""忍一忍心平气和，让一让天高地阔""大丈夫能屈能伸""宰相肚里能撑船"等都可以作为开阔胸怀的名言警句。

当遇事想不开时，默诵这些名言警句，体会它的意蕴，就会使自己豁然开朗，胸怀坦荡，心情舒畅。

宽容大度，谅解对方的失误和过错，是一种博大精深的境界和意境，是人的涵养。它是处世的经验、待人的艺术、为人的胸怀；它能包容人世间的喜怒哀乐，使人生跃上新的台阶。与别人为善，就是与自己为善；跟别人过不去，就是跟自己过不去。只有宽容地看待人生和体谅他人，我们才可以获取一个放松、自在的人生，才能生活在欢乐与友爱之中。

杨安谈心灵吸引力

◆在生活中，每个人都多一些宽容之心，少一些斤斤计较和抱怨，那么我们人和人之间的相处也会更加和谐，我们自己也会因为宽容而受到别人的喜爱。

◆谅解是一剂良药，于人于己都能赶走痛苦，带来轻松和快乐。

◆谅解就是那吹绿江南岸的春风，吹散了冬的寒气，给人以温暖；谅解就是那及时的好雨，滋润了万物，给人以微笑；谅解就是痛苦的止损点，把痛苦都挡在心门之外。

开明达理：说话有理，行事有道

有一句话说得好：说什么话，办什么事；办什么事，说什么话。

也就是说，你所说的，能够影响你所做的；你所做的，关系到你想说话的目的。认识到说与做的这种互相依存的关系，在处理具体问题时有意识地将两

者结合起来，就能够让说与做发挥更加明显的作用。

通过做事的态度、风格、能力可以看出一个人的性格、为人和综合素质，从这个意义说，做，就是一个人的不言之言，也是一种说，是一种表达自我的方式；通过说话推进事情的进展，完成需要做的事情，从这个意义上说，说，也是做的一个环节，有时还是一个相当重要的环节。

在人世行走，说话有理，行事有道是成功的法宝，是广受欢迎的秘诀。

"话犹如树叶，在树叶太茂盛的地方，很难见到智慧的果实。"如果一个人啰唆一大堆，没有符合逻辑的道理，不仅让听者丧失兴趣，而且他自己恐怕也找不到表达的重点了，然后见对方没了兴趣，就会产生紧张、语不连贯等现象，最后这场交谈就以听者不悦、说者尴尬收场了。

言不在多，达意则灵。说话条理清晰，是讲话水平的最基本要求。滔滔不绝，出口成章，是一种"水平"；而善于概括，词约旨丰，一语中的，同样是一种"水平"，而且更为难得。

生活中经常有这种现象，说话者讲了半天，听者还没弄明白到底是什么事。这就属于表达能力的问题了。说话一定要有条理，不能净说些不着边际的话，那样既浪费时间又让人厌倦。

所以，我们日常说话一定抓住关键点，长话短说，不讲空话，不无的放矢，不重复别人已讲过的或众所周知的俗套话，是赢得别人好感的说辩谋略。

同时，条理清晰会让你明白下一句该说什么，该怎么说，哪些已经说过了，哪些还没有说……这样你在心里就有一条主线，顺着这条线继续下去，就不会产生诸如忘词、恐惧、不知所云等错误了。

怎样算是说话有条理呢？

第一，说话要有逻辑性，语义前后要一致，不能前后毫无联系甚至前后矛盾。这就需要讲话者概念明确。

第二，说话要有层次性，这就需要讲话者思路清晰。先讲什么，后讲什么要合理安排；讲话时绝不能语无伦次、颠三倒四，使内容支离破碎。

第三，说话要有中心和重点，要主次分明。无中心和重点的谈话，使人听起来抓不住头脑。

第四，说话时语言要简明扼要，不要啰里啰唆地说个没完没了和来回重复。用十句能表达清楚的意思就不要说上二十句、三十句。

为了使你的话更有条理，你可以采用以下方法进行训练：

第一，为自己提供一个说话模式。

你可以把常见、常用的句群组合起来，形成一个说话模式。有了"模式"就为较快表达提供了某种参照，这样说起来就比较顺畅了。

第二，把你散乱的思维连缀起来。

当话题出现时，有的人心里明明有想法，却不知道该怎么表达，思路比较模糊，就像一盘散沙。"思维连缀"就是要根据话题的中心意思，对游移不定的思维点进行筛选，然后将其排列聚拢，从而形成有条理的语言。

第三，沿着别人的话题往下说。

有的人说话比较凌乱，你可以根据他的意思，用自己的话重新表达出来，力求组合的合理性。针对别人杂乱零碎的讲述，揣测其中心语义，重新构建表达框架，并流畅地重说一遍。

在进行以上训练时，可以从分析说话录音入手。在陈述性表达中，可以在适当的地方直接点明中心语义，以此作为中心意思来组织所要表达的内容。

不过，在生活中，我们经常会遇到这样的人，说起话来头头是道，可就是不愿意踏踏实实地去做一件事。其实，无论做什么事都不能只停留在说上。口齿伶俐、能言善辩固然不错，但是我们这些平常人，踏踏实实地做好每一件事，哪怕一件小事，都比滔滔不绝地说半天强。说话有理，行事有道，这是中

华民族的美德；说话有理，行事无道，任何周密的计划、宏伟的蓝图都将是空想。

行事无道，也就没有了衡量对与错的尺度。假如自己都不清楚做与不做的界限，就很容易走入歧途。因为人是具有社会属性的，要受到社会公认的法律和道德等准则的约束，不可能游离于社会之外。

行事有道，但这些道也是与时俱进的。社会在不断发展，观念在不断更新，需求也在发生着不同程度的变化。在不同的社会背景下，法律和道德准则会有所不同，这个时期这样做可能是对的，而同样的做法放在另一个时期就是错的，甚至是违法的。那么，做人的道也要随着变化着的社会而不断调整。

行事有道，还应当考虑到道与发展的关系。有时候，做人的条条框框太多，并且养成了固有的定式行为习惯，则可能会束缚人的思维，让人失去开拓创新的精神，甚至思想僵化，很难适应不断发展变化着的社会环境。

因此，人们在遵守行事之道的同时，还要随时做出适当调整，使自己的行事之道时刻能够适合时代的要求，不要让循规蹈矩束缚和禁锢自己的积极思想。

人在社会上并不能独立生存，在工作、学习和生活中都要与人沟通交往。因此，说话有理，行事有道的作用举足轻重。你具备了二者，也就拥有了开启他人心扉的钥匙，是通向成功的阶梯，也是一生的财富。

杨安谈心灵吸引力

◆说话要有条有理，层次清楚，这是对语言的基本要求。

◆语言，未必是一种行动；行动，却一定是一种语言。

◆一个人要想成为真正成功的人，就应该行走在成功的轨迹中，而成功的轨迹就是恪守自己的本分，不忘自己的道。

真实诚信：不虚伪·言必行·行必果

曾几何时，真实诚信成为中国人的立身之本，更是中华民族的传统美德。如"精诚所至，金石为开""人无信不立，政无信不威"等，这些箴言都体现了诚信是一条重要的道德规范。诚信更是被儒家视为"进德修业之本""立人之道和立政之本"，是朋友伦理、君臣上下关系伦理的规范，亦是调整人与人之间、人与社会之间关系的基本道德规范。

真实诚信是人的天性。人刚来到这个世界上，不会作假，也不识假，饿了就哭，高兴就笑，听到或见到什么都信以为真。稍一懂事，偶尔也要滑使假，但往往得到的是惩罚和轻蔑，以后便轻易不敢造次。

生活告诉人们，诚实才能赢得朋友，守信才能得到别人尊重。为此，人们不但重视诚信，而且很在乎别人对自己这方面的认可。得到诚实的评价，便认为这是很高的褒奖；朋友和同志的信任，对自己是一个莫大的鼓舞和安慰。所谓"士为知己者死"，就是为报答别人对自己的信任而甘愿献身，表现的是做人的真诚。由此可见真实诚信的分量。

可以说，真实诚信是个人的品牌，是个人的无形资产。然而在现实生活中，"信"成了与危机相连的词汇。人才的信任危机，商业的真实诚信危机，严重破坏了社会结构，造成人与人之间、人与社会之间、企业与企业之间的相互防备与猜疑，造成了严重的交易资本损耗。在个人生活或事业上，我们可能由于说实话而失去某些东西，但在漫长的人生旅途中我们如果没有建立起真实

诚信，没有树立起正直诚实的声誉，那我们就不是失去某些东西了，我们失去的是全部或者是什么都得不到。

一个不讲真实诚信的人，即便他在平时表现得很好，一旦触及其个人利益，他可能就会表现出自己的本性。一个没有真实诚信度的人，谁能放心他办事呢？谁又肯信任他呢？

一个视真实诚信为生命的人会不折不扣地履行他的诺言，会一丝不苟地完成自己承诺的事情。只有讲真实诚信并且视真实诚信为生命的人，银行才可能借钱给你，商人才敢跟你做生意，公司也才愿意聘用你，你才能办成更多的事情。

真实诚信是一个人的办事通行证，也是他的社交通行证。有了真实诚信资本，我们才能在社会上有立足之地。

一个真正有能力的人从来不说废话，他的每一句话都有一定意义，无论是一开口就切中要害，还是力图使每一句话都具有参考价值，他们都遵循一个原则——不虚伪，言必行，行必果。

一位卓越的人，无论何时，他都知道"不虚伪，言必行，行必果"的可贵，说话要讲究真实诚信，尤其是在做决策的时候。

一旦经过讨论确定下来的事情就不能轻易改变，如果决策不稳定，朝令夕改，那么你即使有再大的办事能力，恐怕也不知道该何去何从。这样是不行的，长此以往，人们就会失去对你的信任。什么事都会等着你的变动而不能马上进行，那么你的工作也就没有任何前途可言了。

真实诚信是为人处世之道，也是方法之一。一个任何时候都能够守信的人，一个言出必行的人，一个言行一致的人，一定是一个有号召力、有凝聚力的人。一个守信的人，不仅朋友会尊敬你，即使是竞争对手也会因此钦佩你。

人要做到不虚伪，言必行，行必果，需要从以下几个方面着手：

第一，忠实地履行自己的诺言。早在儿童时代，父母和老师就教给我们一句做人应该遵循的箴言："投之以桃，报之以李；如果想让别人怎样对待我们，首先就要那样去对待别人。"这句话的潜台词就是要忠实地履行自己的诺言。一个有梦想的智者必须对自己的诺言身体力行，而不是夸夸其谈。

第二，坦诚。真实诚信的人必须能够准确表述对现实的理解。大多数人对问题的回应方式就是试着把问题想通，找到解决办法。但他们没有对其他人敞开心扉，所以无法唤起别人的激情，得到别人的回应。

第三，对欺骗不予宽恕。真实诚信的人具备察觉骗局的能力。

第四，自我约束。要使自己真实诚信，最根本的方法就是自律——自我约束、自我管制，从我做起。这个道理很简单，连自己都不真实诚信，还有资格要求别人真实诚信吗？如果说，要别人先真实诚信是条件，自己对别人真实诚信是结果，那么犹如执己之矛，攻己之盾——不攻自破了。

生活中，如果人无法做到自我约束，就会变得虚伪，言行不一。自律与真实诚信是息息相关的。没有了自律，真实诚信就变得空洞；没有了自律，真实诚信就变成空话；没有了自律，真实诚信就变得有缺陷。

"不虚伪，言必行，行必果"是一个人的行事原则，也是获得他人认同和尊重的必要条件。真实诚信的品格，是事业成功的保证，也应该是每一个人终生追求的目标。

杨安谈心灵吸引力

◆诚信是为人处世的标准，不管何时何地，都要坚守诚信，失去了诚

信，你也就失去了做人的根本。

◆一个人之所以能够在社会上立足，很大程度上就是他们能够说到做到，答应过别人的事情总能够兑现，从不失信于人，所以，他们就能取得成功，赢得他人的尊重。

◆诚信是待人处事的绝妙法宝，对人诚实，你可能会付出一定的代价，但日后你得到的将远比付出的多得多。

凸显交集：感觉你是"自己人"

"自己人"其实就是满足一个人的交集感。心理学研究表明，每个人都希望自己与某一个或多个群体交集。最初人们需要家庭，继而希望融入其他团体。群体的交集是人的一种需要，这种需要不仅是身体上的，更是心理上的。当交集感被满足时，人们就可以从中得到温暖，从而消除或减少孤独和寂寞感。

人们在长时间的交往中，相互之间就会产生一些影响，彼此间还会产生一些相同的东西。有些交际高手会通过一些方法强化这种影响，融洽彼此之间的关系。"自己人效应"就是一种彼此影响下的心理现象。而所谓"自己人"，就是指对方已经把你与他归于同一类型的人。善于交际的人会利用"自己人效应"，在别人的心中建立起一种交集感，以达到融洽双方关系的目的。

从某种意义上讲，人际交往就是一个寻找交集感的过程。当你通过交往建立起自己的朋友圈子时，就满足了自己内心交集的需要。如果你想结交一个朋友，你就需要融入对方的圈子，从中找到自己的交集。当一个人被告知是"自己人"的时候，心中就会不由自主地变得温暖起来，从而使他对"自己人"所说的话更信赖、更容易接受。

无论是孩子还是大人，如果找不到自己的交集感，就会不停地制造麻烦，永远无法安乐，这样既会伤害自己，也会伤害到别人。

运用"自己人"的效应，可以满足人们内心的交集感要求，只有深入人心，才能轻而易举地赢得他人的认可。

正如心理学表明，情感引导行动。积极地情感往往产生理解、接纳、合作等行为效果；而消极的情感则带来排斥和拒绝。也正如管理心理学所证明："如果你想要人们相信你是对的，并按照你的意见行事，那就首先需要人们喜欢你，否则，你的尝试就会失败。"但是怎样让他人喜欢你、接受你，无外乎就是让彼此在某个点上达成一致，让彼此同时灌入"自己人效应"，从内心出发引起对方的共鸣，进而对你产生好感。

"自己人效应"是如何产生的，它又具有哪些特质呢？一般而言，这个效应具有可接近性、相似性、互补性和相容性的特征。空间距离较近的双方，接触的机会较多，容易互生好感，彼此引为"自己人"；与自己的性格相似、有共同语言、爱好相同的人较容易成为"自己人"；双方的需要、期望可以构成互补关系的双方也可能发生"自己人效应"；包容大度的人容易被别人接纳为"自己人"。

我们若要在人际交往中制造"自己人效应"，成为广受欢迎的人，则需要做到以下几点：

第一，强调双方一致的地方，使对方认为你是"自己人"。

第二，在跟对方的畅谈沟通中，对于对方所讲述的某些事情，我们应巧妙地表示自己有类似的想法和经历。

第三，跟对方培养一些相同的兴趣和爱好。平时，人们往往会因彼此间存在着某种共同的兴趣和爱好而拉近彼此的心理距离，时间一长，随着沟通的深入，对方自然会将你视为"自己人"，从而建立亲切友好的关系。

第四，可以效仿对方的一些动作或行为，让他觉得你们是同一类型的人。从心理学角度来看，肢体动作是内心交流的一种方式。如果对方惊讶地发现你的一举一动跟他很像的话，他会产生"路迢知己，恰好在眼前"的感觉。当你再求助于他时，他会很乐意地帮助你解决问题。当然，值得注意的是，当你在效仿对方的动作时，一定要不露痕迹，否则只会让对方心生厌恶。

第五，我们自身也应具备良好的个性品质。心理学研究证明：越是具备开朗、坦率、大度、正直、实在等良好个性品质的人，其人际关系的影响力也就越强；反之，越是具有傲慢、以自我为中心、言行不一、媚上欺下、妒贤嫉能、斤斤计较等品质的人，其人际关系的影响力也就越差，不受欢迎，被排斥在外。也就是说，我们应加强个性品质的修养，来增强自己的良好影响力。

要想在别人的心里建立交集感，让自己的人际关系更融洽，就一定要学会善用"自己人效应"，让他人感觉你是"自己人"。如此，扩展自己的朋友圈，和谐人际也就会不再是难事了。

杨安谈心灵吸引力

◆ "自己人"是一个让人感觉内心安全而温暖的词，"自己人"是贴心之人，"自己人"是能保护自己免受伤害的人，"自己人"是能带给我们力量的人……

◆ 被人归为"自己人"的标准有很多：战友、同乡、同学、共同的兴趣爱好者……总之，找到与他相融的契合点，让他觉得你很亲近或者是同类人，就很容易拉近彼此的关系了。

◆ 在人际交往中，我们不妨适时运用这种"自己人效应"让对方消除戒备心理，迅速拉近关系。

第五章

识别和揭穿伪引力

装神弄鬼：玩弄手段让人难琢磨

说起装神弄鬼、玩弄手段，许多人自然而然地会跟经商者联系起来。事实也确实如此，许多经商者在经营过程中，哪怕为了多赚一分钱，也常常煞费苦心地琢磨出一些自以为高明的鬼点子，来欺诈那些老实厚道的消费者。因此，自古以来社会上一直流传着"无商不奸"的说法。

用"无商不奸"来形容所有经商者似乎有些偏激，但也确实有些道理，它揭开了许多经商者的真面目。在商品经济社会中，在金钱的地位越来越高的现实情况下，经商者无不以追求最大利润为第一要义，由于竞争实力相对薄弱，或为了节省成本等，他们便想方设法欺骗消费者，如掺假使杂、短斤少两、以次充好、冒充名牌等都是他们常用的手段，于是经营者与消费者之间的纠纷接连不断。而最终结果，往往都是商家身败名裂，因贪图一时利益而自毁前程。

但是，装神弄鬼、玩弄手段并不仅是在商界，在社会各界都存在不同程度的类似情况。生活中，有些人自己本来就没有多少工作能力，却不能够面对现实，又不承认自己的缺点，往往采取玩弄手段的做法，欺骗上司或者下属。

这些人，常常不求甚解、自以为是，喜欢玩弄一些小手段，总以为自己做得神不知鬼不觉，没料想"纸里包不住火"，很快事情就会败露，真相大白之后，结果必然会闹得尴尬，好生没趣。

在工作过程中，一些主管们经常充当"玩弄手段"的典型。对于自己不明白的工作，这些人往往不说自己没主意，而是玩弄手段：他们先以命令式的口吻让下属谈谈对此问题的看法作为试探。等下属谈完想法后，自认为下属的方案可行，于是便开始作自欺欺人式的表演：自己脱口而出"我两年前就是这样想的"。于是下属就会想："两年前你都这样想的，干吗还问我呢，谁知道你两年前想过没有？"

还有的主管是为了掩饰自己的无主见，怕面子上过不去，就直接批评下属的意见不好，大大贬斥一通，待撕破下属的面子后，自己再提出一个意见，并命令下属照自己的意见去执行。过后下属仔细一琢磨就会发现：上司所谓的意见只不过是自己意见的翻版而已，只是换个说法罢了。"可恶至极！"除了咒骂，有的下属甚至会认为这样的上司是贼，是盗窃自己智慧的贼。

在这样的情况下，下属执行方案的效果肯定会大打折扣。同时，下属一定会觉得自己憋了一肚子火无处宣泄，从而影响上下级关系的和睦。

在实际工作中，还有一种情况就是，一些人平时不做事，拖拖拉拉，不是打游戏就是唠闲嗑，而一旦上级来检查时却装模作样地忙碌起来，让上司看起来好像整个办公室里只有他一个人忙，别人都是白吃饭。这些人的确可能获得上司一时的好评，获得职场上一时的好处，但时间长了，最终会聪明反被聪明误，不利于自己职业的发展。

职场是权力、地位和金钱的集散地，也是聪明人的必争之地。从一定程度上讲，谁更聪明谁就有可能获得更多的利益，但是聪明过了头就会适得其反，此之谓耍"小聪明"，玩弄手段。

耍"小聪明"，玩弄手段的做法是千万要不得的，因为群众的眼睛是雪亮的，同事哪能不知道？况且"聪明"一时容易，"聪明"一世却很难，终有一天会露出马脚。

"富与贵，是人之所欲也；不以其道得之，不处也。"就是说，富和贵，是人们都想得到的东西，如果不能用正确的途径获得，君子是不会接受的。如果用不择手段的方法做到又富又贵，那是非常可耻的事。

君子爱财，取之有道。君子虽然喜爱财富，但是必须通过正当的途径获得财富。有很多人被财富冲昏了头脑，一心只求发财，至于用什么方法，他们就不管不顾了。这些人打破了道德底线，为了获取利益，可以选择放弃原则。有时候，他们可以为了几万元谋财害命，有的人会为了生意的兴隆而去触犯法律，有的人为了更快地致富选择走私、贩毒，有的人为了升官发财买官受贿。这样的人即使拥有了财富，拥有了名誉，又能怎样呢？一身臭皮囊下没有一颗纯正的心，他们能心安理得吗？所以，有钱也好，没钱也罢，不要选择一些违背良心的手段去获取财富，否则自己一辈子都不会快乐。

这样的例子不胜枚举。有些人为了利益，什么事都干，这是非常卑劣的行为。人们追求富与贵，这是可以理解的，但是追求富与贵必须通过正确的方法，否则害人害己。

那么，怎样通过正确的方法做到又富又贵呢？我们身边的很多成功人士都是通过自己的双手来获取财富的，李嘉诚从一无所有到成为华人首富，比尔·盖茨从退学生到世界首富，他们的经历告诉我们财富是需要通过自己的双手来获得的，其他的歪门邪道只会让一个人变得走火入魔。

除了富贵，人生中还有很多值得我们追求的东西，精神上的富足才是最重要的，也只有精神上的富足才能有真正的贵。别人能够夺取你的钱财，但是不能够夺走你的精神财富。做事，尽人事，听天命。做人，去留无意，宠辱不惊，才是我们应该拥有的人生态度。

陶渊明能够拥有"采菊东篱下，悠然见南山"的恬淡，李白能够拥有"天生我材必有用，千金散尽还复来"的豪迈，他们深知"钱财乃身外之物"，

钱财是为人服务的，人不能变成钱财的奴隶。富与贵，是人们都想得到的，这本无可厚非，但是如果装神弄鬼、玩弄手段，那就是非常可耻的事，只能让自己的未来真正贫而劣。只有通过正当的途径，才能实现人生价值，获得真正的富贵，拥抱真正的成功。

杨安谈心灵吸引力

◆不耍小聪明就是最大的聪明。

◆装神弄鬼，玩弄手段，只会自毁前程。

◆内心没有真正实力的人，更倾向装神弄鬼，玩弄手段。

故弄玄虚：刻意制造神秘感

玄虚：迷人的言辞或手段。故弄玄虚：故意耍弄使人难以捉摸的花招，作为一则惑人策，它是利用人的浅见无知，玩弄手段，假戏真做，令人判断失误，决策错误并听任摆布，以使自己摆脱某种困境或达到某种目的。

其手法有三：

其一，虚张声势，恐而诈之。

日常生活中，有的无赖，故意扩大事态的严重性，以逼人就范。有的歹徒，特意装神弄鬼，以恐吓行人，劫取钱财。有的小人，有意"拉大旗作虎皮"，捧住阔佬、政要的屁股当脸皮，以充阔，耍威风。

其二，为达到某种目的，假戏真做，迷惑对手。有的故意造假信息，让人做出错误判断。

古往今来，不少人以此种假戏真做，倒言反事——亦称烟幕法，达到某种目的。

其三，夸大事情难度，从中谋取好处。为人办事，故意把简单说成复杂，把好办说成难办，把行得通说成行不通，以此夸大自己的作用，炫耀自己的能力是此手法的显著特征。

不管哪种手法都是通过刻意制造神秘感，虚张声势欺无知，以达到不可告人的私利目的。

社会上那些行骗的人，将这一花招使用得可谓娴熟至极。

曾经有一位江湖郎中，来到一个小山村，把那些淳朴的村民耍得团团转。他拿出一些不知是什么动物的骨头，摆在地上，对围观的人说是虎骨、鹿骨，吃了补肾益气；再拿出一些瓶瓶罐罐，说是延年益寿的药丹，只要吃了就能保你长命百岁、百毒不侵。乡亲们被他忽悠得晕头转向，纷纷掏钱买药。等拿回家仔细一看，全部都是假的，回头再找郎中算账时，他已经不见影踪。

如果你想赢得他人的好感，得到别人的喜欢，那么在与人交流中最好不要故弄玄虚，刻意制造神秘感，而应该实事求是。事情的本来面目是什么就说什么，你的本来面目是什么就展现给别人什么。幼稚的人装成熟，成熟的人故作单纯，都是一种故弄玄虚，刻意制造神秘感的表现。

有的应届毕业生，在找工作的时候就喜欢用这一招。明明长着一张娃娃脸，却要穿上一套很老式的西装；明明不能穿高跟鞋，却还要穿着10厘米的高跟鞋故作姿态，以为这样就能赢得面试官的印象分。殊不知，当面试官面对一个故作姿态的人时，那印象分早已经被丢进了垃圾桶。

另外，当面试官问及应聘者为什么想要应聘这份工作时，想听到的是应聘者内心真正的声音，而不是那些好听却虚伪的恭维。当问及应聘者有什么兴趣爱好时，应聘者如果这样回答："我的兴趣爱好很广泛，因为我一直在追求全

面发展，所以我一直在向一个全能人才的方向努力，我喜欢音乐，喜欢钻研计算机，喜欢写作，还喜欢打篮球，等等。"面试官听了，心里会很高兴。但如果刚好有面试官与其有共同的兴趣爱好，于是就这一爱好跟他交流时，就会发现他其实只是浅尝辄止而已。比如说喜欢钻研计算机，其实就是每天在电脑上玩游戏；喜欢打篮球，却是为了学分不得不去学。

这样的应聘者，喜欢把自己说得天花乱坠，一旦要来真枪实弹时，他就没底气了。他们总是认为在面试的时候故弄玄虚，把面试官忽悠过去，应聘成功之后就什么都不用担心了。可是他们却忽略了，不符合自身情况的言辞只会让面试官生厌。如果你实事求是地把你真正的特长和爱好说出来，就算是难登大雅之堂的爱好和特长，面试官也会认为你这个人足够真诚从而对你刮目相看。

故弄玄虚，刻意制造神秘感，还指有些人总以为把自己说得天花乱坠，就能赢得别人的好感和尊重；有些销售员也认为把自己的产品说得举世无双，顾客就会踊跃购买。然而，事实却是，那些说话够实在、够坦白的人反而更受欢迎；那些既能向顾客展示自己产品的优点，却也不诋毁别人产品的销售员，业绩会更好。

另外，有些人喜欢故意说些让别人听不懂的话，以显示自己说话有水平。比如，面对一些并不是自己行业、自己专业领域的人，说一些专业术语，让别人听得云里雾里。说话人的虚荣心虽然得到了满足，却不知道只有他自己一个人在享受，听话的人只会觉得索然无味。那些故弄玄虚的人，自以为口才很好，可是在别人眼里却一无是处。

因此，为了让我们所说的话能够触及事物的本质，能把问题说清楚说透，就要使用通俗易懂的语言。在说话的时候，深入浅出，不故作深沉、故作神秘，实事求是地说话，才会有人愿意听，我们所说的话才能收到效果、达到目的。

杨安谈心灵吸引力 ··

◆故弄玄虚的人，总是通过麻痹人、迷惑人、欺骗人的花招，来达到自己的目的。

◆够实在，赢青睐。

◆故弄玄虚，反失信任。

蒙蔽欺哄：隐藏真相，以假乱真

近年来，社会上各类蒙蔽欺哄、隐藏真相、以假乱真的诈骗案件层出不穷。骗子抓住人们贪小便宜或疏忽大意的心理，打着各种美妙动听的幌子骗人落入圈套。一旦被骗，不仅钱财受损，人们的正常工作和生活也将受到严重干扰和影响。

虽然骗术形形色色，花样不断翻新，但是只要你把握住安全防骗原则，就会把被骗的风险和损失降到最小、最低。

骗子行骗，万骗不离其宗，下面为以往发生的诈骗案中骗子惯用的几种骗术。

1. 以假乱真

犯罪分子以外币、假药、假手饰、假字画、假古董、假钻石、假邮票、假宝石为道具。开始一人在火车站、汽车站、农贸市场、街市上与你套近乎，称家中有难急需脱手手中的外币或祖上留下的"宝物"愿以低于市价出售；或称有生意缺钱，以假货作抵押，进行借贷；还有的干脆取出泛黄遗书让你看。

当你犹豫不决时，又出现一个"托儿"，称是这方面的行家里手，比如是银行职员、古董专家等。倘若还不上钩，他们还有一招——又有一同伙出场，以高于市价收购，诱你上当。

防范提示：用假古董、假字画等行骗者，往往是穿着破烂、操外地口音。建议收藏者购买贵重古董、字画时，不可人云亦云，一定要有一定的专业知识和眼力。

2. 抛物分成

当你在街头行走突然发现地上一包钱物或首饰、宝物、手表、手机等，这时，骗子会称他也发现了此物要与你分成，或是一人在你前面拾到一"值钱物品"，他就说你也看到与你平分，物品你先拿着，他叫你把身上的钱或首饰给他。

防范提示：此类骗子通常都穿着讲究，仪表庄重，多装出一副神秘兮兮的样子，以中老年人居多。

3. 迷信消灾

和尚、道士、算命先生等单独行动，他们先在某地与你套近乎，在闲聊中了解你的基本情况。你如道出家中不幸，他们就开始行骗，称你印堂发黑，家中最近有血光之灾。若你惊慌失措，他则不慌不忙，面授消灾机宜，条件是施主只要拿出一定钱财用纸包住，他则作法消灾，贴上他的法符，以驱除妖魔邪气，让你将钱财放到箱底等隐蔽之处，并千叮万嘱要在一个月后再开启，血光之灾自然会消失，当你一个月后虔诚地开箱取物时，却发现钱财已不翼而飞，却变成了一包废纸，原来早已被骗子调了包。

防范提示：广大群众尤其是中老年人、妇女以及病患者等，要倡导文明新风，破除封建迷信思想，相信科学，有病及时到医院治疗，切勿相信"天降灾祸"等迷信之说；受害者要大胆揭发，及时报警。

4. 招聘报名

常有类似"××单位招聘工作人员若干名……有意者请电话联系""××酒店招聘特别工作人员，年薪××万元"的广告，以高薪引诱你上钩。当你打电话去后，骗子则约你到某地相见，让你把电话号码留下，在你赶到某地时，你的电话响了，骗子告诉你面试通过了，让你在他的账号上打入多少报名费即可。

防范提示：这种行骗者一般是利用高薪作饵，诱导你上钩，本人不与你见面，只作电话联系。

5. 偷龙转凤

是经济来往中一种调包的手法，犯罪分子事先准备好伪造的卡（或储蓄存折），与事主接触时，借验看之机，迅速换走事主手里的卡（或储蓄存折）。当事主将货款存入"自己"的卡（或储蓄存折）时，犯罪分子则用与该卡（或储蓄存折）相配套的卡（或储蓄存折）提款潜逃。

防范提示：在经济交往中，一是要遵循市场价格规律，防止被犯罪分子诱骗上当；二是要深入了解合同相对方的情况，包括公司的名称地址、法人代表身份、有无工商注册登记、信用度以及有无购货需求、供货能力和支付能力等；三是要保管好身份证和用以支付货款的汇票等证件及有关银行票据。到银行存款、转账时要仔细看清自己开户的账号、所持汇票显著特征，防止被"调包"。

事实上，上述骗术只是诸多骗术中常见的几种，生活中，蒙蔽欺哄、隐藏

真相、以假乱真的骗术往往变化多端、迭出不穷、源源不断。因此，我们需要多一个心眼，提高识别骗子的能力。

（1）凡是骗子，并且又是单独行骗的，通常会先与你"套近乎"，进而对你过分地热情。凡是这样的"见面熟"而又有超乎寻常的热情者往往都有一定的目的。

（2）凡是骗子要把你作为"猎物"的时候，往往会把你感到非常难办的事情说得非常容易，甚至他的举手之劳就能解决你天大的难题。一旦你有了"踏破铁鞋无觅处，得来全不费工夫"的感觉时，离受骗就不远了。当你暗暗感到欣喜的时候，往往就是你应该提高警惕的时候了。

（3）骗子之中相当一部分是靠嘴成功的，多数都有一张能把稻草说成金条的嘴巴，遇到这种人时，你就要提高警觉。因为凡是真的东西都有疵点，而假的东西往往能说得完美无缺。

（4）骗子的惯用手法就是让你用很少的付出就能得到意想不到的利益，总是在给你灌输"吃小亏占大便宜""过了这个村就找不到这个店"的思想。当你感到是一个难得的机遇的时候，最好先想一想"天上不会掉馅饼"和"世界上没有免费的午餐"的俗话。

（5）人们的一切活动，都是为了得到利益。尤其是在生意场上，人们的各种活动都是和利益息息相关的，所以在做生意时，要多问几个为什么，这不能不说是防止上当受骗的至理名言。

（6）防骗的最好对策除了识别骗子之外，还要加强自身的防骗能力。如果能做到消除非分之想，不贪意外之财，那么再高明的骗术也骗不到你。

（7）外出时，不要把钱物交给陌生人看管。

（8）在购物时，要多走走，多看看，掌握行情。

（9）遇人遇事要多观察，多思考，不要轻信。

（10）防敲诈。

（11）抗拒诱惑。

（12）不盲目迷信获奖产品。

骗人之心不可有，防骗之心不可无。做人处事要走正道、讲诚信，不能蒙蔽欺哄、隐藏真相、以假乱真欺骗消费者和合作伙伴，但也需提高自己识别骗子的水平，加强自身的防骗能力，不能让别人利用你的真诚、忠厚而骗你。保持自己良好品格的同时，多学点社会学问，多长个心眼，处处有警惕之心才能防患于未然。

杨安谈心灵吸引力

◆大到骗钱、骗物、骗合同，小到骗吃、骗喝、骗样品，骗子简直是无孔不入。骗子的行为比起偷盗、抢劫的行为更隐蔽、更狡猾。

◆骗子的嘴脸是多种多样的，而且又是千变万化的，但有一点是共同的，那就是能够假装出"想你所想、急你所急"。

◆高明一点的骗子不但会说得天花乱坠，如果看你是条"大鱼"，往往还会先给你一点"甜头"尝尝，以便让你"奋不顾身"地去受骗。

引诱蛊惑：迎合需求心理加以诱惑

你是否曾经也像耶比米修斯一样，被看似美好的东西所迷惑，不顾劝阻，一意孤行？你是否曾经为了满足一时的好奇与快感，而去冒险尝试一些可能危害你健康的东西？生活中，有的人总是迎合需求心理，加以各种各样的引诱蛊

惑，比如烟、酒、毒品、淫秽读物。这些东西轻则危害你的身体，带来各种疾病；重则扭曲你的心灵，引发偷盗、抢劫等违法犯罪行为，甚至危及你的生命，就像潘多拉的盒子一样，给你的生活带来痛苦和不幸。

在物质方面的引诱蛊惑，可以使人反复、大量地使用具有依赖性潜力的物质，以追求其带来的愉悦体验，包括非违禁物质的滥用，如烟、酒、网络，以及违禁物质的非法使用，如毒品，这些物质能给人带来愉悦、刺激的生理或精神体验。周期性或连续地使用该物质，会使大脑发生复杂的不良变化，最终导致对该物质的依赖和成瘾。

首先，烟酒等物质会危害身体健康。长期摄入烟酒等物质，会引起头晕、头痛、注意力涣散、情绪不稳、记忆力减退等生理反应，甚至影响呼吸器官、肝脏、神经系统的发育。毒品则会严重摧残身心健康，易传染和导致各种疾病，甚至死亡。

其次，烟、酒、毒品有可能成为其他不良行为的诱因，使你走向违法犯罪道路。例如，有些年轻人为了有充裕的资金买烟买酒，可能会去偷窃、抢劫或赌博。统计资料显示，74%的青少年犯罪是从吸烟、酗酒开始的。

最后，成瘾之后很难戒除，尤其是毒品，所谓"一次吸毒，终身戒毒"，一旦沾上，则终身难以摆脱，严重影响你未来的学习、工作和生活。

现在，还有一些人以各种形式进行赌博，要知道，聚众赌博也是有百害而无一利的行为。参与赌博，你不仅会输掉金钱、荒废前途，甚至在金钱的诱惑下，诱发说谎、偷窃、抢劫等更多的不良行为，走上违法犯罪的道路。记住，赌博，输掉的不仅仅是金钱。

从网络来说，网络本身无所谓好坏，如果你善于运用网络，在丰富的知识宝库中汲取营养，不仅无害，而且有益。但如果不合理地使用网络，或者上网成瘾，就会对身心造成不良影响。

网络是一个虚拟社会，一方面，网络具有现实生活的社会性，现实生活中的欺骗、攻击、伤害等也可能在网络中出现；另一方面，网络的虚拟性、匿名性使得我们难以分辨他人的真实身份，以及行为背后的真实动机，给各类违法犯罪行为提供了更多的机会。因此，在使用网络时，你一定要小心提防，避免上当受骗或遭遇人身伤害。

1. 对不良诱惑说"不"

要增强抵抗诱惑的能力，首先要学会延迟满足。延迟满足是指一种为了更有价值的长远结果而主动放弃即时满足，反映了一个人自我控制能力的强弱，是心理成熟的表现。

一个人为了取得一定成就，实现远大的目标，就必须在一段时间内克制自己享乐和懒惰的想法，抵御各种诱惑，付出努力和汗水，坚定地朝既定目标努力，只有这样，才能获得更大的成就。而那些抵制不住诱惑的人，往往都是不能克制自己瞬间膨胀的欲望，在及时行乐中获得了暂时的满足，却在不远的将来品尝到了加倍苦涩的恶果。

2. 提高你的自控能力

（1）反省你需要修正和完善的地方。如果你有一些不良嗜好，例如抽烟、酗酒、上网成瘾，那么你需要下定决心戒断。

（2）了解相关知识，知识能提高你的自控能力。

（3）采取行动。为了提高自我控制能力，你必须采取行动，或者让其他人帮助你打破以往的不良习惯。如上网成瘾者，让你的亲友或者其他任何人来提醒你只玩 30 分钟。

（4）分析你的行为。如果你的行动没有效果，那么需要分析这个行为是

否具有针对性，是否还有其他方式。

（5）自我提醒。如将上网、酗酒的坏处列在一张纸上，贴在显眼的地方，每天多次大声读出。

（6）奖惩法。给自己设定目标，达到目标，就奖励自己，反之则惩罚。奖惩可以由自己执行也可以请亲友协助执行。

（7）排除刺激法。尽量远离周围存在的不良诱因，例如不与具有相同嗜好的人来往，不在网吧门口逗留，不接触黄色读物等。

（8）转移注意法。多参加体育锻炼和一些健康的娱乐活动，培养有益身心健康的兴趣，在这些活动中寻找快乐，排解孤独、抑郁等情绪。

3. 抵制消极的同伴压力

在日常生活中，因为来自同伴的压力，我们可能会放弃个人的意见而采取与他人一致的意见或行为。其实别人的意见、行为并不一定都是正确的，或者是适合自己的。因此，你要学会辨别，"择其善者而从之，其不善者而改之"。

杨安谈心灵吸引力 ......

◆能够延迟满足的人自我控制能力更强，他们能够在没有外界监督的情况下适当地控制、调节自己的行为，抑制冲动、诱惑，坚持不懈地保证目标的实现。

◆大多数时候，被引诱蛊惑的人们尽管明知道这样的危害，但是还是难以抗拒诱惑，究其根本原因，是因为不正确的价值观。

◆如果一个人仅仅满足于生理等低级需求，满足于一时的愉悦体验，没有远大的目标，对自己也没有较高的要求，那么他在诱惑面前会弱不禁风，很容易成为"俘虏"。

阿谀奉承：猎获虚荣之人的伎俩

阿谀奉承是一种伎俩，是那些别有用心之人用来猎获虚荣之人的百试不爽的伎俩。

阿谀奉承不同于真诚的赞扬、称颂和誉美，可以说二者有本质的区别，后者的出发点有三：心地是良善的，态度是光明磊落的，言行是恰如其分的。而前者往往心里阴暗，包藏祸心，表面堆一脸暧昧的表情，其实是为了掩盖龌龊的良苦用心。因为世上有的是虚荣心作祟的人，所以生活中便少不了这种阿谀奉承、曲意逢迎的无耻之徒。

阿谀奉承者也有他们自己的一套哲学，起码知己知彼，就好似人们肚子里的蛔虫，充分摸清了当事者的好恶、脾性与趣味，以至于拿捏得当，硬是把当事者"抚摸"得周身通泰、浑身舒服，甚至每个毛孔都充溢惬意，以至于晕乎乎、飘飘然，不知身在何处、今夕何夕。

对于阿谀奉承的危害，古人早已有清醒的认识。荀子曾说："非我而当者，吾师也；是我而当者，吾友也；阿谀我者，吾贼也。"什么意思呢？就是说能够正确批评我的错误的人，是我的老师；能够正确肯定我的优点的人，是我的朋友；对于那些一味阿谀奉承的人，肯定是存心要陷害我的贼人。这其实是教我们分清师、友、贼三者关系的一句至理名言。

在日常生活中，就有那么一帮人，专以阿谀奉承为生，而且他们还具有很高的技巧，拍起"马屁"来不显山、不露水，让你浑然不觉，不知不觉中上

了他的当，最终受害的还是你自己。况且，也确有不少人因为虚荣心被阿谀奉承者弄昏了头，把升迁的制度变成了"党派之争"：谁对他毕恭毕敬、阿谀奉承，就对谁恩宠有加，大加赞赏和关爱。无疑，这种人更助长了阿谀之风的盛行。但是，明智的人则不会这样做，他不会中这个圈套，也许这会让喜欢拍马奉承的那些下属感到十分鄙视和厌恶。

因此，我们应当保持清醒的头脑，分清哪些是实事求是的评价之辞，哪些是阿谀奉承之辞；在阿谀奉承之中，哪些人是出于真心而稍稍过分地赞美几句，哪些人又是企图通过奉承而达到自己的某种企图；哪些奉承之辞中含有可吸取的内容，哪些奉承话都是凭空捏造、子虚乌有；等等。诸如此类，绝对不能含糊。

怎样识别阿谀奉承之人的性格？有三种途径：动作、语言、神色——也就是他们办事的方式和风格，说话使用的言辞，显露出来的神情。唯唯诺诺的小人走路的架势和姿态都要学老板的样子，说话时的用词和口气也要与老板相似，甚至连腔调也会模仿得和老板一样。

就像铁屑被磁铁吸引，唯唯诺诺者、马屁精、阿谀奉承者，都以领导为靠山。如果将磁场关闭，这类喜欢奉承拍马的人就会像一堆没有生命的木偶一样散落在地，完全散了架子，显得那么的愚蠢可笑。

对于这样的人和事，正人君子是不屑一顾的。古人对此有这样的说法：与地位高的人交往不阿谀奉承，可谓悟到了交友的关键。那些花言巧语、察言观色的人则被认为是不讲仁义的小人。

虽然人们对阿谀奉承的人鄙视冷淡，然而，他们总难绝迹，为什么呢？因为那些自身难保的领导需要他们，那些功成名就的老板的虚荣心需要这些人用奉承话来满足。

阿谀奉承者奉承的最终目的就是有朝一日爬上高位。一旦大权在握，他们又会培植出更多的谄媚小人，这些人又会引来更多的阿谀奉承者，最后发展成整个部门办事说话都是一个腔调，甚至气味也一模一样。后果怎样？整个企业标价出售，或者破产关门，他们就是不务正业的"败家子"。

其实，在一些精明强干的上司心中，那些阿谀奉承者还是很悲哀的。这些人已经无法摆脱阿谀奉承的习惯，也就是事事总先想到老板在想些什么，在此之后又不清楚自己到底该怎么做，甚至不知道自己有没有想法。在会议上，他们总望着老板，弄清楚老板要说什么，他们就说什么，他们总是会把老板的话用自己的嘴说出来。结果，老板得到了报答、光彩和利益，而阿谀奉承者却招来同事的冷眼和鄙视。

阿谀奉承在程度上有轻重之别，许多人是在不自觉的情况下充当了对领导者唯命是从的角色，而有些人则是非常自觉的。通常有以下一些比较普遍的原因。

保住工作饭碗：背靠大树好乘凉，有人当靠山总是比较保险。

掩盖真实意图：暗中打算跳槽，不让别人知道。

缓和紧张气氛：何苦兴风作浪，待人和气为好。

着眼个人前途：赢得上司好感，有利于个人发展。

阿谀奉承的行家手里有着一整套经过仔细盘算而培养起来的见风使舵的本领，有着处心积虑谋划出来的一系列随机应变的手段。

他们多是制造是非的人，他们的人格是扭曲的，他们奉承人是有目的的。他们会捧你，也会毁你，所以在与人交往中最好与阿谀奉承的人保持一定距离。如果这种人生活在你的身边而你又摆脱不了他，那么，你就在心里与他保持距离，不能让他的几句奉承话把你变成了一个平庸的爱听假话的人。

对于实事求是的评价，要认真听、认真记，并注意在以后的工作中继续保持这种风格。赢得人们信任的同时，也会对自己的发展起到良好的促进作用。

对于出于真心而稍稍过分地赞美几句的人，不妨一笑了之，抑或谦虚一下。让别人在真心赞美你的能力的同时，也认识到你的人格魅力。这样，岂不是更有助于你赢得朋友的信任和尊重吗？

这的确是一个好机会，心与心之间真诚地交流，在这种会心的交流中，你的才华得到朋友的进一步认可，可以促使你更加充满自信地进行社会活动。

如果满足于小人对自己的吹捧而昏昏然，最终会导致自受其辱。

杨安谈心灵吸引力

◆阿谀奉承这东西，虽然没有牙齿，可是骨头也会被它啃掉。

◆假若人们都能够做到实事求是地做事，认认真真做人，善听逆耳忠言，时刻保持清醒头脑，那阿谀奉承者的"市场"又怎能存在？

◆如果天下到处都是溢美和逢迎，那么无耻、欺诈和愚昧更有滋长的余地了；没有人再揭发，没有人再说苛刻的真话。

诈诈唬唬：把小芝麻当大西瓜

报纸上、网络上经常可以看见诈骗事件，有的利用"副业兼职"为饵，诱使家庭主妇拿出金钱；有的利用"利润优厚的投资"为借口，骗取退休人员拿出退休金。总之，林林总总的诈术，无非都是把小芝麻当大西瓜地唬人。而那些受骗者中，不乏有些小有积蓄的中产人士，或拥有一笔可观退休金的人等。

之所以如此容易受骗，主要还是因为爱占便宜的心理。

爱占便宜的心理，是庸众的一种普遍心理，而几乎所有的人又都见不得占便宜的人。

历史教训以及现实经验都足以说明占便宜的心理并非一种健康的心理，而占小便宜的行为更是人们所唾弃的一种行为。

常言说"占小便宜吃大亏"，就是劝诫世人不要有占小便宜的心理，更要放弃这种不良的行为。

爱贪图小便宜的人在心理上都有较强烈的占有欲望，这种占有欲望在每得到一次小便宜的时候便会产生相应的满足感。满足程度与得来便宜的难易程度、大小程度有很大关系，且每得到一次便宜，他们的占有欲望便会加强一次。随着这种欲望日益膨胀，很可能会产生十分严重的后果。

第一，它会影响你同朋友、同事、同学及周围的人的相互关系。与人相处，总想去占别人的便宜，必然会引起别人的警惕和反感，失去同事、亲友的信任。久而久之，关系紧张，团结会受到影响，友谊会受到破坏。

第二，由于舆论和道德的限制，占小便宜的欲望常常会得不到满足，于是，便使自己常常处于一种不愉快的心理状态中，使自己的生活失去光明和欢乐。

第三，爱占小便宜的心理还会使自己胸无大志，难以成为对人类有作为的人才。因为有作为的人普遍对于他人、对于社会是有所奉献的，而贪图小便宜的人的心理境界是无法同他们相比的。

第四，由于此种"病症"具有扩张的趋势，发展到一定程度便会对社会造成危害，以致走上犯罪的道路。

克制自己爱占小便宜的不良欲望的有效方法并不神秘。但是，却最忌讳反复。因为每反复一次，难度就要增加几分。不过，只要下了决心，再施以一定的方法，病根是完全可以除掉的。

第一，对于有轻微爱占小便宜欲望的人和初次占了小便宜的人来讲，有效的措施便是果断地甩掉那点小便宜，不把它据为己有。这是因为，此种毛病对于一个正常的人来讲，本身就有一种道德上、心理上的被谴责感。据调查，当一个人初次占别人的便宜时，往往是在贪图欲望与道德廉耻矛盾的心理状态下进行的，往往在进行过程中有脸红、心跳、紧张等状态，这时，心灵的道德标准与贪求欲望激烈斗争。此时，即使是占了别人的小便宜，她的良心也是不安的，心境是不平静的。此时，如果果断地、自觉地抛弃得到的小便宜，自信心和正义感就会起主导作用，并在心灵深处打了"防疫针"。同时，由于小便宜未得到，那种不良的欲望也受到了抑制，并且由于对自己产生那样的念头和行为而感内疚，以致产生道德上、心灵上的终身"免疫"。

第二，对于已有爱占别人小便宜积习的人来讲，虽然根治它难度要大些，但也可采取以上办法予以根治，同时，还应有更有力的措施。人们知道，戒烟对于一个有较长吸烟史并且烟瘾较大的人来讲，不仅需要一定的毅力，而且还需要一定的手段，如服用戒烟糖、茶等。对于改正爱占小便宜的积习，有一个很好的方法就是主动地诚恳地交结一位正直的朋友，把你的坏毛病及想改掉它的想法告诉他，请他来监督你、帮助你，并且要坚决听从这位朋友的劝阻。每发生一次占别人小便宜的事，就要立即告诉这位朋友，甘愿接受朋友的批评及处置意见。"近朱者赤"，经过一段时间，毛病慢慢就改掉了。

除了主观上的努力外，开展批评、自我批评，朋友间相互帮助也十分重要。对爱占小便宜的不良习气给予批评，进行公众舆论的谴责，这种恶习就会丧失活动的市场。同时，当人们都能以互助互利的原则相处时，为社会贡献、为朋友帮忙、为朋友出力就会成为一种美德，受到人们的称赞。

第三，对别人的物品要有明确的界限。爱占小便宜成了习惯的人，其贪图欲望往往产生在对别人物品等的喜好上，并且往往把别人的东西看成自己的东西。因此，有这样积习的人如果能常常对不属于自己的物品画一条警戒线，即便是别人的一针一线也明确"这不是我的，我不可以用任何不道德的手段据为己有"。长期这样坚持下去，就会取得很好的效果。

总之，当你时常能看到朋友的大利、集体的大利、社会的大利，并且以大局之喜为喜，以大局之忧为忧时，便会胸襟坦荡，弊病根除。

杨安谈心灵吸引力

◆便宜莫占，钱财莫贪。

◆占小便宜要吃大亏的。

◆守身执玉，不可坏了自己的品行。

煽风点火：无风三尺浪，有风浪千尺

在一个单位、群体或团队中，人们最忌讳其间存在一个煽风点火、无风三尺浪、有风浪千尺的人。通常所说的"一条鱼搅得满锅腥"指的就是这种人。

这种人给团队带来的破坏和影响是巨大的，只要稍不注意或者处理不妥，就会搞得互不团结，所以说，煽风点火者具有极强的杀伤力。

那么，我们该如何识破那些煽风点火人的嘴脸呢？他们具有什么样的特征呢？

爱煽风点火者以告密为手段。现实生活中爱煽风点火的人，常以"告密"为快。他们想通过这种方式让人觉得他们是"知己"。

同时，又巧借别人的摩擦力量达到离间的目的。被离间者的利益受损是绝

对的，一般而言，离间者只有使被离间者在表面上知情，而不能在根本上知底，这样才能达到他离间的目的。爱煽风点火者总是喜欢用告密、造谣等卑鄙的手段搬弄是非，如果被挑拨的双方都心地坦荡且冷静，那么这类煽风点火者就不能"坐山观虎斗"，也就达不到其不可告人的目的。然而，如果被挑拨的双方有一方心胸狭窄，受了别人的唆使，那么同事间的关系很可能就会恶化，甚至发展到不可收拾的地步，这样一来，煽风点火者正好可以坐收渔翁之利。所以在工作中一定要头脑清醒，冷静客观地处理各种人际关系，千万不要轻易受人挑唆，对那些爱煽风点火的同事更应该加倍小心。

爱煽风点火者以获取自身利益为目的。在工作和生活中，爱煽风点火者之所以要费尽心思地挑拨别人的关系，其原因就是想从被离间者的矛盾中获取某些利益，如果无利可图，他们是绝对不会花那么多心思的。这种人做了你的同事，你除了谨言慎行，和他保持距离外，最重要的是你得联络其他同事，建立联防及同盟关系，将他孤立起来，如果他向人挑拨和离间，不要为之所动。

爱煽风点火的人，总是用小人伎俩来达到其不可告人的目的，而不是公平竞争。如果身边有这样的同事该有多么可怕，一旦成为这些小人离间的目标，那岂不悲惨至极了吗？其实只要掌握正确的应对技巧，我们完全可以从容应付这些爱煽风点火的同事。

首先，我们要正直坦荡地应对爱煽风点火的同事。我们一定要保证自己的言行正直坦荡，在和爱煽风点火的同事相处时，更应当这样。当事人在听到煽风点火的闲言碎语时不信、不传，平时行得正、站得直，既要做到自重（尊重自己），也要实现互重（尊重他人），这样挑拨离间者就没有了可乘之机。

其次，我们要以静制动地应对爱煽风点火的同事。爱煽风点火的同事总是忙忙碌碌地穿梭于其他同事之间，今天向这个同事讲那个同事的"秘密"，明天又到那个同事面前造这个同事的谣言。其实应对这种小人作风的最好方法就是以静制动。

以静制动包括以下几个方面。

1. 减少来往

这些人一旦成为你的同事，在工作中他们经常会不厌其烦地把不利于你的是非辗转相告，这样会对你的情绪造成莫大的负面影响，以致影响你正常的工作，所以你应巧妙地拒绝和他们见面或不接他们的电话。此类人不宜过多交往。

2. 态度冷淡

对待爱煽风点火的同事千万不要热情，更不要对他们传播的"秘闻"或"消息"积极应对。对这类同事的态度应该是冷淡、谨慎。

3. 保持冷静

当听到有人说自己的坏话，肆意贬低自己的消息时，表面上你仍需努力控制自己的情绪，保持头脑冷静。你可以这样回答："啊，是吗？让他们去说好了。"或者说："谢谢你告诉我这个消息，请放心，我不会与他们一般见识的。"如此，对方会感到没空子可钻，就不会再来纠缠不休了。

杨安谈心灵吸引力

◆爱煽风点火的人，最大的毛病就是在不明真相的人面前搬弄是非，散布那些根本就不存在的所谓事实，以让他人痛苦为乐事。

◆还有的人说一些煽风点火的话，是因为他们听信了别人的谗言，从

而变得爱搬弄是非。因此，我们一定不能不经过了解而轻信他人的话。

◆爱煽风点火的人，为了达到自己不可告人的目的，总是置善良和友好于不顾，到处搬弄是非和煽风点火，甚至处心积虑，精心布下温柔的陷阱，让他人不明就里往陷阱里跳。

吓唬欺骗：巧妙利用畏惧心理

一天，一个老师父要出门，便把两件东西交托小徒弟，叫小徒弟小心保管。他先拿了一件贵重的宝物，交给小徒弟，吩咐道："这乃是千金之宝，你要留心，如有些微伤损，我是要打死你的。"之后，老师父又拿了一个瓶子，置在桌上，说道："这是一瓶厉害的毒药，谁吃了就立刻致死，你千万勿要触它！"

小徒弟连连应诺，老师父也放心出门了。无奈这小徒弟太不安分，竟然大胆想看看这瓶子里究竟装的是什么样的毒药，打开一看，呵，同蔗糖倒有点相像；马上，食欲的冲动使他不顾了死活，竟用手指撮出来一尝，果然不错，不是毒药，而是蔗糖。因为嘴馋，便于不知不觉间吃光了瓶里的东西；这一来可糟糕了，师父回来一定会给他一顿鞭打的。但不安分的小徒弟毕竟聪明，低头一想，计上心来，于是索性把这宝物摔在地上，撞个粉碎，自己也就闭起眼睛，卧倒在地，静候师父回来。

未几，师父回来，见小徒弟躺在地上，一动不动，便诧异地问道："你躺在地上做什么呢？"小徒弟不慌不忙答道："师父，我因为偶一不慎，把宝物打碎了，我想，师父吩咐过的，若宝物有损分毫，就要打死我。我一时无法可想，又怕师父毒打，于是索性吃了毒药，想还是自杀了好。现在我已将一瓶毒药完全吃下，躺在地上等死了。"

老师父看这情形，弄得没有办法，只有嗟叹而已。

欺骗终究是欺骗，并不能成为现实。无论你用怎样机巧的方法来欺骗，欺骗依然会为铁一般的现实所粉碎。欺骗正如乌云，终究不能长时蔽掩太阳的。一旦欺骗为人发现，你不但不能使欺骗获得成果，反而要损失自己一个"宝物"。

吓唬也不见得有效，除却奴才以外，吓唬不能压倒一个倔强的灵魂，甚至流血，也不能教前进的人们退后半步。假使吓唬真的有效，那么古今历史上就不会有那些革命的伟大事迹了。

古今中外，历史上的许多专横的统治者，他们统辖人民的手段，也不外乎欺骗与吓唬两个法宝，但事实昭示我们：这种"手段"，必然是失败的。因为人民毕竟不是无知的牛马，吓唬欺骗必会粉碎；因为人民毕竟不全是虫豸，愤怒的反抗定然会使吓唬成为废物。因此，无理的统治也就必然会给摧毁。

其实，机巧的欺骗，是一种聪明的渣滓；暴力的吓唬，正是实力动摇的开始。运用着欺骗与吓唬的手段而造成的暂时的"繁荣"，正如日落西山的回光返照，夕阳固然无限美好，可惜是近黄昏了。

我们的敌人就是专门演这种悲剧的，也惯于施用欺骗与吓唬这两种伎俩。事实就可以作证：在东北，义勇军的活动，遍地皆是，使敌人没有办法完全"统治"东北的广大土地；在沦陷区，在敌后，我们坚强的人民的武装队伍，就使敌人束手无策。拖住敌人的脚，向泥淖里越陷越深，直至其没顶死亡。

这注定了敌人的可悲的命运。他们必然将会在自己造成的欺骗与吓唬的陷阱里灭亡。而同时，这事实一是说明了敌人的悲哀，二是给我们自己的警惕。

杨安谈心灵吸引力

◆欺骗，换来的只是一场空。

◆心术不正的人，玩弄演技，褒扬自己，贬低别人，以为人不知。其实不然，一切事情都会或早或晚浮出水面。

◆心存侥幸的人，即便得到一时的拥有，也得不到人心，失去的将是长远的未来。而且难闻的恶臭会让人躲得远远的。

第六章

职场的吸引力法则

第一印象：看起来是"那么回事"

职场中，一切人际交往几乎都是从与陌生人打交道开始的。那么，对于这个现在是陌生人、以后是同事的人，给对方留下良好的第一印象真的很重要吗？答案是肯定的。很多情况下，两人以后交往的程度，多半与其给对方留下的第一印象有很大的关系。职场中不乏这样的人——他们职业水平很高，地位也不错，可就是没有好的人缘。究其原因，就是没有给他人留下良好的第一印象。

在各种心理活动中，第一次与人交往时留给他人的第一印象，往往在对方的头脑中占据着主导地位，这种效应在心理学上称为"首因效应"，又叫作"第一印象效应"，指的是当人们第一次与某物或某人相接触时会留下深刻印象。个体在社会认知过程中，通过"第一印象"最先输入的信息对客体以后的认知和行为活动产生的影响作用，实际上指的就是"第一印象"的影响。第一印象作用最强，持续的时间也长，比以后得到的信息对于事物整个印象产生的作用更强。

根据心理学家的研究发现：在与一个人初次见面时，45 秒内就能对其产生第一印象，这一最先的印象对他人的社会认知也会产生较强的影响，并且这种较为普遍的先入为主的主观性倾向，会直接影响以后的一系列行为。比如，初任某官职，总会很仔细地烧好上任之初的"三把火"；我们在参加应聘面试

时，也会很注意自己外表的修饰；等等。人们的这些行为都是力图给他人留下良好的"第一印象"。

第一印象之所以很重要，首先，是因为第一印象有"先入为主"的效应。

对于两个陌生人来说，他们会比较偏信自己第一个接收的信息，有时甚至会否认自己看到的新信息，而去屈从于自己的第一印象。

然后，第一印象会给人留下固有的心理模式。

一般情况下，第一印象都是在没有任何背景的情况下形成的，因此给人的印象往往比较深刻、强烈，所以会给人形成一个固定的心理模式。而这一模式会影响一个人对其他人或物的认识。

从这些原因可以看出，在职场中，第一印象确实很重要。一旦第一印象在人们心中已经形成了肯定的心理定式，往往会使人在后续的了解中多偏向于对方具有美好意义的性格特征；相反，若是第一印象形成的是对对方否定的心理定式，则会使人在后续了解中偏向于揭露他人令人讨厌的习惯。

因此，身为职场人，一定要意识到第一印象的重要性，以免给自己的人际带来不好的影响。

那么，怎样才能给人留下良好的第一印象呢？

1. 待人礼貌，不卑不亢

所谓的待人礼貌，不卑不亢，就是在同对方讲话时用语要礼貌、举止要得体，既不骄傲自大，又不卑躬屈膝，不讨好、巴结别人。礼貌待人可以表现出自己对对方的尊重及个人的素养，而不卑不亢则不损坏自己的人格，不容易引起别人的反感。做到这些，是给人留下良好的第一印象的基础。

2. 善于求同

职场中人与人交往时有一个重要的原则，那就是相似性。双方只要在兴趣、爱好、观点、志向，甚至年龄、籍贯、服饰等方面有相同之处，往往可以缩短彼此间的距离，减少陌生感。俗话说得好："亲不亲，故乡人；美不美，故乡水。"如果可以让别人见你如同见了故乡人的感觉，那么就很容易给人留下良好的第一印象了。

3. 守时、讲信

答应了别人的事，一定要办到。当然，如果是自己办不到的事，即使不便当面拒绝，讲话也要留有余地。如果为了讨好别人，把明明办不到的事也包揽下来，只会弄巧成拙，最终引起别人不满。

4. 谦逊大方，善于聆听

切忌不懂装懂，古人所说的"知之为知之，不知为不知"即是这个道理。不可表现得自己什么都懂，这样会给人一种虚夸不实的感觉。职场中的人际交往，人人都有表现自己的欲望，如果在这一过程中，你做到了谦逊大方、善于聆听，那么你在以后就会特别受欢迎。

5. 重视与对方分手的方式

心理学认为，人类的记忆或印象具有"记忆的系列位置效果"。也就是说，人的记忆或印象会随着它在话语中出现的位置不同而有深浅之分。一般来说，最有效果的是最初和最后的位置。因此，在人际交往过程中留下不好的印象或出现某些小问题，如果能在最后关头将良好印象深植于对方心中，就能挽回原来造成的损失。这也就是说，不管自己在与人交往的过程中做得好不好，其开始与结束的方式一定要注意。因为这些不但可以加深别人对你的好印象，还可以弥补在交往过程中的不足。

6. 自身的形象

无论是谁，只要是想决胜于职场，就一定不能忽视自身的形象，这是高情商的职场人必备的素质。

（1）要注意自己的穿着和打扮的得体。心理学研究指出，第一印象的得出有95%取决于人的衣着。当你穿着得体、整洁时，会让他人认可你的职业素养，从而获得他人的信任。这样，你工作的进行也会更加顺利。相反，如果你衣着邋遢，则很难引起对方的好感。

（2）要注意自己的言行举止。工作中与人会面时，不要轻易失约，这会给你的职场生涯带来不利影响。当你守时、礼貌、准备充分地出现在对方面前时，你的这些良好品质也会给对方留下良好的第一印象。而这个正面的印象也会像光环一样扩展到你做的每件事情上，促使他人认同你。

虽然我们知道人们的第一印象并非完全可靠，甚至有的时候为了给人留下好的印象而故意修饰以至于造成以后行为上的差距，但是绝大多数人还是会下意识地跟着第一印象走。因此，无论是在生活中还是在纷纭复杂的职场上，我们除了要注意给他人留下良好的第一印象之外，还要避免第一印象给认知带来的偏差与障碍。

更重要的是，工作中需要给人们留下良好的印象，但这绝不是刻意修饰出来的假象，而是发自内心的真善美。这样，才能在属于你的职场上越走越好，越走越稳，也才能将你美好的第一印象保持下去。

杨安谈心灵吸引力 ··

◆在竞争激烈的职场交往中，尤其是在与人初次交往时，一定要注意给别人留下美好的印象。时刻注意自己的言行举止、面部表情、衣着打扮等，这些看似很普通的行为方式，无不体现着一个人的内在素质与涵养。

◆身在职场上的我们，要时刻加强自己在谈吐、举止、修养、礼节等各方面素质的培养，将自己最美好的一面留在没有硝烟的职场上，为日后进一步取得事业上的成功打下良好的基础。

◆如果只是为了美妙的第一印象而特意修饰，在日后的工作中却无法保持给人的良好印象，造成自己日后行为上的反差，这样就会适得其反。毕竟路遥知马力，日久见人心。

梦想磁场：愿望能散发出相应的信息

虽然在现实生活中，职业生涯的规划映射着我们的梦想。但是，并不是先有职业生涯，才有梦想。而是先有梦想，才能具备磁场，让愿望散发出相应的信息，才可能有职业生涯。因为每个人的职业生涯是根据自己的愿望去设计规划的。

梦想不怕大胆。人们常说要树立高远的目标，多高多远并非重点，重点是你能不能因为它而规划出现实的职业生涯。如果一个人没有大胆的梦想，只有眼前伸手可触的目标，那么也就无须有什么职业生涯，更没有什么现实的规划可言。

也就是说，梦想不怕大胆，只怕你不敢。现实的职业生涯是凭借大胆的梦想来策划的。如果没有大胆的梦想，职业生涯又从何开始呢？为了我们能有一个现实的生涯计划，应该大胆地去寻找我们的梦想。

1. 大胆选择自己的梦想

一个人的人生，要走的永远是自己的路，不管你的路有多曲折，有多坎坷，这都是你自己的路。又或者可以这么说，虽然你的样貌、肤质和声音是与生俱来的，是你无法选择的，但你的人生方向却是自己可以掌舵的。选择你的人生方向就如同在选择你的梦想，既要大胆设想，也要制订自己的人生理想。这样才能拥有属于你的理想人生。

比如有人喜欢音乐，最大的梦想就是成为第二个贝多芬，因此，他的生活就是伴随着音乐而度过，这也注定他会为音乐而奋斗一生。

比如有人喜欢外太空，最大的梦想就是探索星球的秘密。别以为这是痴人说梦，并非如此。只要你敢梦想，再加上现实的职业生涯规划，就有希望实现。现实的职业生涯会帮助你接近梦想，也许不久，你就是一名宇航员或者是一名天文学家。

2. 梦想要从实际出发

拥有大胆的梦想是值得推崇的，但切记一点，梦想要从实际出发，所谓实际就是指符合伦理，符合自己的实际情况，而不能是妄想。当你的梦想脱离正常的伦理范围时，就不可能拥有现实的职业生涯。

3. 梦想定位要"准"

梦想定位就是要落在"定"和"准"上，不能泛谈，其中包括行业定位、方向定位、职位定位、薪酬定位等很多项。比如你定位 IT（信息技术）行业，那么，方向是软件还是硬件，是销售还是技术，是基本程序员还是工程师？其中相差很大，各有千秋。

（1）切忌阶段性的一时兴起。梦想的定位要根据自己最喜欢、最有兴趣的事物来决定，切忌阶段性。有的人阶段性地对某件事物感兴趣，便将它定位为自己的人生梦想。不料，当这件事过时或者平淡时，他也便将它搁置。这不仅不能算作人生梦想，就连兴趣爱好都算不上。

（2）切忌泛泛而谈。人生梦想要具体化，不能泛泛而谈。每个人的梦想定位都应该具体化，详细到具体目标，而不是大概的方向。一定要具体化，才能清楚规划自己的职业生涯。如果你想做一名医生，那么你希望专攻哪一科，做到什么级别，要有具体的方向，而不是盲目地就要做名医生。所以梦想定位更不能泛泛而谈。

（3）准。梦想定位要准。梦想取决于你的兴趣喜好，找准你最喜欢、最有兴趣的职业来做你的梦想定位。当梦想是你最喜欢的职业时，你想要达成它的动力也会是100%，并且不会浪费时间。但假如你找不准的话，那么更换职业是要浪费大量时间的，岁月是浪费不起的，毕竟它是高额利息的，你借不起。不想借高利贷就要找准梦想。

我们通过上述内容知道了职业生涯规划需要大胆的梦想。梦想不怕大胆，只怕你不敢去想。只要你可以大胆去想，就可以成功实现。然而我们应该更加清楚，梦想是属于我们自己的，每个人的人生道路是不同的，梦想也是不相同的。

当我们定位梦想时，切记要从实际出发。首先考虑这件事情是否合乎常理，再去制订。大胆的梦想是要踩着现实的基石才能定位的。如果你发现你的梦想超出了常理，就应想办法将自己拉回现实中，但不要脱离自己的兴趣爱好。

总之，我们在进行定位时有以下三条准则：不能将自己阶段性的喜好定位成梦想，否则，随着时间增长，会慢慢对它失去兴趣；也不能泛泛而谈，如果

没有将梦想具体化，那么就无法准确地规划自己的职业生涯。最重要的一点就是"准"。要想不浪费时间，并且保持自己有最大的动力去达成梦想，最主要的就是找准梦想。

要记住，任何时候，不要怯于梦想。只有敢梦想才有磁场，才能让愿望散发出相应的信息，进而拥有现实中理想的职业生涯。

杨安谈心灵吸引力

◆梦想是成功道路上的维他命。

◆如果我们仔细探究一下历史就会发现，那些最成功、最受敬仰的甚至提升了人类生活水平的伟人都有一个伟大的梦想，从而带动他们去完成伟大的事业。

◆最成功的事业始于一个明确、清晰的梦想。

创造价值：成为有"大用处"的人

世事往往风云变幻。想想我们中学或大学毕业的同学，有些人当初春风得意，他们考上了名牌大学，而有些人屡试不中，只能被排斥在大学校门之外。但若干年之后，你也许会发现，有些当初的落榜者并非没有作为，还真干出了名堂，他们做起了自己的生意，当起了老板。而那些曾经的佼佼者，如今有的也只是平平常常，悠闲自在，每月混点事做。

要得到别人的认可，成就卓越，其实很简单——不断提升自己，并全力以赴地把应该做的事情做到最好，达到标准甚或超越标准。

一个人没知识，可以补，没技术，可以学。作为一名职场人士，如果安于原来的水平，不去提升自己的价值的话，那就永远是一个平凡者，甚至可能沦为一个失业者。

据有关调查显示，现代职业危机感日益加重，60%以上的白领都缺乏安全感，总觉得朝不保夕，产生严重的职业焦虑。职业安全感的普遍缺乏源于求职大军的空前壮大，使得雇主们的选择余地随之扩大，职业的可代替性增强，让职场人感到了危机。同时，各种机构的改制打破了无数的金饭碗、银饭碗，职场中人被直接地推向了市场，年轻的求职者为了能够寻得工作机会而四处奔波，已有职位的人为了维持现况或者加薪升职而更诚惶诚恐地工作。

尽管有些人患得患失，处于下岗的恐慌之中，但同时，那些大公司、大机构却又到处寻觅能把工作做到最好的先知先觉的员工。

你得面对这样一个事实：学历可以帮助你进入职场，却很难帮助你取得职场的成功。毕竟，越来越多的人拥有了这种资源，你想要脱颖而出就只能不断提高自己，创造价值。

在竞争如此激烈的职场上，原地踏步就是一种退步。如果别人都在提高，而自己却静止不动，老板很快就会把你的位子给别人。

你的自身价值越大，他人对你的认可度也就越高，你也就有越强的安全感。假如你有强大的价值，那就不是你担忧被老板炒鱿鱼，而是老板担忧被你炒鱿鱼。

因此，要想为企业所认可，就要提升自己的价值，让自己成为有"大用处"的人，成为团队不可或缺的人。如果你整天担心自己找不到工作或者会失去工作，那就说明你还是一粒沙子。这时你要做的不是抱怨社会、埋怨别人，而是要努力使自己变成一颗珍珠，这样你才能为别人所发现、所重用。

你必须不断地问自己："我对公司、团队的价值是什么?"任何人要想持

续在一家企业或一个团队工作，就必须不断地主动为公司或团队创造价值。如果你不能为公司、团队创造更多价值，或者被新进职员轻而易举地取代，那或许就到了你必须要离开的时候了。

如何持续创造价值，让自己成为有"大用处"的人呢？在这里有以下几点建议。

1. 提高职业竞争力

既然要工作，就需要你的专业技能过关，根据自己的工作需要不断地提高自己的专业技能，并将它体现在日常工作中，为自己的职业安全感加分。

看公司需要哪些方面的人才，努力提高自己这些方面的专长，这样你就找到了更多创造价值的机会。例如，公司要走向国际化，很多员工在外语沟通能力方面很欠缺，如果你预测到了这一点，并尽早地利用业余时间认真学习外语，你就会比其他员工拥有更多的工作发展机会。

2. 学习第二专长

很多人把在学校里学习的专业当成一辈子的专长，这是不对的。现在社会竞争激烈，环境变化和技术更新的速度都很快，这要求我们除了在原有的专长领域不断吸收新知识外，还要求我们学习第二甚至第三专长。如一些参加工作多年的老员工，在学校时没有机会学习电脑，而现在的工作又普遍离不开电脑，为了更高效率地工作，这些老员工就要学会使用电脑，否则就会被淘汰。

3. 把握机会，接受挑战

在企业的发展过程中难免会遇到危机或困难，这种情况下就必须挑选优秀人才投入到新的业务领域或研发新产品中，以创造新的业务，突破现状。而新业务领域的风险自然会比较大，很多员工不愿意接受这种挑战，这时候你站出来，肯定会得到领导的赞赏。这也是你为公司创造价值的最佳时机。每个公司都更加珍惜在公司困难的时候接受艰难任务的员工，因为那正表现了他们对公司的信心和忠诚。

4. 学无止境，马上着手

在这个知识经济时代，衡量一个人对公司的贡献不在于你的资历和级别，而是看你拥有多少对公司有益的知识。无论你曾经的专业是什么，无论你学历高低，只要你有计划地学习，日积月累，自然会成为一个知识丰富的专业人才。人类的进步就是对知识的不断吸收与分享，大家一起学习才能一起进步，利用不断学习的过程提高自己的价值，这就是你在职场上最重要的筹码。

总而言之，职场上，创造价值，让自己成为"大用处"的人才是最好的工作保障。或许你不能决定自己会不会失去工作，但你可以控制自己是否可以更出色。在这个瞬息万变的社会，你唯一能做的就是把握你自己，让自己更加出色，更能创造价值，这样你就能以不变应万变，把工作的不安全感降到最低。

因此，与其把缺乏安全感当作一种很大的压力，被它折磨得身心疲惫，还不如把它当作一种动力，鞭策自己在工作中不断尽力，创造价值，让自己成为有"大用处"的人。

杨安谈心灵吸引力

◆你的工作安全感取决于你创造的价值。

◆当前的社会竞争力越来越大，你不要抱怨现在的人才太多，更不要

埋怨团队没有人情味，不要妄图从外界获得安全感，真正的安全感来自你自己。

◆学到东西其实就是一种职业竞争力，它可以增大你的价值，帮助你成为有"大用处"的人。

温良俭让：人格充满正能量

《论语》中记载："子禽问于子贡曰：'夫子至于是邦也，必闻其政，求之与，抑与之与？'子贡曰：'夫子温、良、恭、俭、让以得之。'"意思是说，子禽问子贡说："老师每到一个城邦都要预闻这个国家的政事，这是他自己求得的呢，还是人家国君主动给他的呢？"子贡说："老师具有温顺、善良、恭敬、俭朴、谦让的品质，所以才得到这样的资格。"

子贡赞美孔子的这五个词，后来成了中国传统社会推崇的美德。南宋大儒朱熹曾专门在《四书章句集注》中解释过"温、良、恭、俭、让"的意思："温，和厚也。良，易直也。恭，庄敬也。俭，节制也。让，谦逊也。"温是和气厚道、与人为善；良是善良仁慈、心存良知；恭是懂得规矩，安守本分；俭是简单质朴，节俭朴素，平平淡淡；让是忍耐宽容，谦和不争。

温和待人是我们的优良传统，温和的人总是受人赞扬，受人尊敬，但是并不是所有的人都能够温和，尤其是现在，人们的心中好像更多的是暴戾之气，动不动就与人吵闹，甚至大动干戈。在公交车上、地铁上，经常看到因为抢一个座位而吵架爆粗口，甚至大打出手的人，因为被踩到了脚而发生争吵的更是不胜枚举。现在的人们好像不再温和地相处，不再厚道，不再与人为善。而这些不与人为善的人，看看他们的言行就知道他们没有什么成就，连温和善良都做不到，何谈成就事业呢，试问我们做什么事不需要与人打交道，与人打交道哪有不和气而有好结果的呢？所以，做人首先要做到一个"温"字。

良是善良仁慈，是有良知，不作恶。不作恶看起来是一个很低的要求，但是多少人能做到呢？三鹿奶粉没做到，奥的斯电梯没有做到，达芬奇家具没有做到……这些企业为了利润置善良于不顾，心中完全没有良知，不仅害了他人，最终也害了自己，即便再忏悔，也难弥补自己作恶多端之万分之一。个人也不乏为了个人利益而违背良知的人，比如造假学历的唐骏、禹晋永，肇事杀人的药家鑫。他们虽然都受到了谴责，乃至惩罚，但是造成的过错，对他人造成的伤害是永远的，而对自己的伤害也是永远的。所以我们做人做事一定要善良，一定要心存良知。试问一个充满了恶的社会是自己想要的吗？显然不是！

诸葛亮告诫自己的儿子说："俭以养德。"简单朴素的生活方式能够帮助一个人养成很好的品德，有助于一个人变得"温良恭让"起来，因为不俭朴，不清心寡欲就不能使自己的志向明确坚定，也就难以成为有品德的人。

"让"这种品质是儒家历来提倡的，谦和忍让，以和为贵，都是忍，都是让。"事临头三思为妙，怒上心头忍最高，小不忍祸端常起，互无欺各自平安！"忍让，一直是很多人奉行的做人标准。在工作中，同事之间有些小矛盾、小摩擦是不可避免的。如果有一方能够"委曲求全"、豁达忍让，就能够化干戈为玉帛，从而维持和谐的气氛，在一些非原则性的问题上不斤斤计较、不互不相让，就会使工作环境一直保持和谐。而能够忍让的人也是有道德、有素质的人，也正是我们这个社会最需要的人。

温良俭让说起来简单，可做起来并不容易。因为任何温良俭让都是要付出代价的，甚至是痛苦的代价。人的一生难免会碰到个人的利益受到他人有意或无意的侵害。为了培养和锻炼良好的心理素质，你要勇于接受温良俭让的考验，即使感情无法控制时，也要紧闭自己的嘴巴，管住自己的大脑，忍一忍，

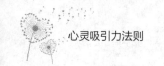

就能抵御急躁和鲁莽，控制冲动的行为。

孔子温良俭让的品格同样也是我们现代人为人处世的工具，它能让你人格充满正能量，赢得他人的信赖，使你的办事之路一路绿灯。当然，我们看到社会上也有这样一群人，他们好胜，争取名声；夸功，争取名利；争不到便怨恨别人，把社会风气搞得乌烟瘴气。因此，如果每个人都锻炼自己温良俭让的品格，那么整个社会将是团结、亲睦、向善的。

杨安谈心灵吸引力

◆真正有眼光、会办事之人，无论是发自内心还是故意表现，都会把温良俭让等美德作为自己的处世工具，用以弥补自己的先天不足。

◆温良俭让是伟大人格修养的体现。

◆温良俭让是孔子受人礼遇的原因，也是中国人历来赞扬的传统美德，我们在与人相处时，也要学习孔子，将"不传久矣"的德行再传承下去，为构建美好的社会生活而不断提高自己的道德修养。

承担责任：推诿扯皮是自贬身价

大千世界，芸芸众生，每个人都在为生活、为梦想，在各自的职业道路上奔波着。那么，一名合格的员工会怎样对待自己的工作呢？也许答案有很多种，但最根本的就是一名合格的员工对自己的工作要勇于承担责任，要有认真负责的态度。这是一个人在职场中立足的根本。推诿扯皮只能是自贬身价。

"责任"一词对于每个人来说都不陌生，我们几乎从生下来开始就陆续被父母、老师、领导们不断地灌输"做人要承担责任"的道理。

　　承担责任是指对自己所从事的工作应该担负的责任和应尽义务的认知，是一种敢于负责、主动负责的态度，是对自己所负使命应该具备的忠诚和信念，是一个职场人士应该具备的最基本的素质，是做好事情的前提条件，也是走向职场成功的最重要因素。

　　一个勇于承担责任的人，绝不会推诿扯皮，而会积极主动地承担责任，会对自己的工作负责，会把自己的责任充分落实。它不仅仅是一个人的习惯，体现一个人的基本素质，更是一个优秀的人所具有的优秀品质。

　　只有勇于承担责任，才能激发自己潜在的能量，把握工作的主动性，敢于挑战困难，更好地解决困难。在责任感的驱使下，人能最大限度地开发自己的智慧，展现自己的才华，实现自己的职业目标，成为一个有作为的人。

　　几乎所有的团队和组织在招聘员工时，都会写上"工作责任心强"这一条件，把有没有责任心当作招聘员工的一个重要标准。在职场中，"千金易得，勇于承担责任的人才难得"成为几乎所有团队的共同心声。

　　一般而言，人们遇到错误时都会感到害怕，甚至恐惧，因为错误的背后往往是惩罚。所以，与处理一些比较麻烦的事情相比，多数人更愿意接受没有麻烦的工作，而这就是缺乏责任心的表现。一个缺乏责任心的人在出现问题时，不是积极勇敢地面对，找出解决问题的方法，而是把问题留给别人，自己逃之夭夭。

　　比如，工作不出色，认定是领导不行；同事不喜欢与自己共事，觉得是同事讨厌自己，却不知检讨自己；生意不成功，说是客户太难伺候。其实，这些并不是很合适的借口，而且这只会让领导觉得你这个人并没有真正的能力，只考虑自己，不为他人考虑，只会推卸责任，不会承担责任。这样的人，领导是不会看重的。

身在职场中，人难免会犯错，我们与其为自己的错误寻找借口，倒不如坦率地承认自己的错误，接受惩罚。或许领导会因你勇于承担责任而不再追究你的责任；相反，推卸责任，推诿扯皮，不但无济于事，反而会自贬身价，并使事情越变越糟。

正确的做法是：面对问题，分析问题，并为此承担责任，尽量降低损失。

面对责任，要让人们看到你如何承担责任，如何从错误中吸取教训。每个人都不能做到十全十美，但对于已经出现的问题和责任，我们要勇于承担，做自己应该做的事情。

所以，一个人对工作最好的态度就是负起责任。在人们的眼中，一个勇于承认错误、承担责任的人是勇敢的。也许你在出错或预感到会发生严重问题时，首先会想到保护自己，但保护自己的同时却又对公司或者他人感到愧疚，觉得自己这样做会让大家怨恨你，从而产生负罪感。那么既然这样，你不如主动改错，承担起自己的责任，这样你就可以在得到别人谅解的同时，放心地工作了。

在职场中勇于承担责任，就是你要对自己的工作负责，同时也意味着你要对公司负责，对客户负责。在工作中有了过错，首先要做的不是去寻找理由。当然，这并不是说遇到问题时不能找借口，而是要看自己的行为是否有错，有则改之，无则加勉，这样我们的个人素质才会不断得到提高。

要成为一个勇于承担责任的人，至少应该从以下两个方面作出努力。

1. 做到尽职尽责永远是第一位的

如果将我们生活的社会看作一个舞台，那么每个人在其中都扮演着某个特定的角色，而且任何一种社会角色都与一整套的权利义务和一系列的行为模式相联系。在家庭中，你可能是一个兄长、丈夫、父亲；在单位里，你可能是一名普通员工，也可能是一位领导者；在社会上，你可能是一个朋友，也可能是一个陌生的人。

但是不论扮演哪一种角色，人们都会对你所扮演的这个角色有一个相应的期望值。能否达到这个期望值，就在于你对你所扮演的这个角色有没有足够的责任感。对朋友的帮助是一种责任，对亲人的关怀是一种责任，对国家的忠诚是一种责任，等等。所以说，你扮演的角色越多，承担的责任也就越多；你所处的地位越高，肩负的责任也就越重。

一个人不论职位有多高，如果总是强调自己的职权，那么他永远只能是别人的"部属"。反而言之，一个重视贡献的人，一个注意对成果负责的人，尽管位卑职小，他还是可以位列于"高阶层"，因为他以整体的绩效为己任。一个人能够得到他人的拥护，就是因为他把自己对别人的那份责任看得比自己生命还重要。

2. 做事业一定要勇于负责

放弃了责任，空谈做人是一个人的不幸；放弃了责任，空谈做事则是不可能的事情。

现在有些当权者，不顾民意所向，大搞所谓"政绩工程""面子工程"，不仅劳民伤财，也极大地损害了自己的威信。还有一些人，有了好事便大肆渲染自己的功劳，出了问题却不在自己身上找原因，这就是一种不负责任的表现，是为了一己之利而放弃责任的失职行为。一个有责任感的人，必须做到在成绩面前不揽功，在问题面前不退缩。是"推功揽过"还是"揽功推过"，这既是一个人的人格和品质问题，也是一个人的思想境界问题。

人可以不伟大，但不可以没有责任。担起了责任，就是担起了信念，展现了自己生命的价值。人一旦失去责任心，即便是做自己最拿手的工作，也会做

得一塌糊涂。

责任与成功是相依相伴的，承担多大的责任就会有多大的成功。无论在何时，无论在什么岗位，我们对待工作都要有严谨负责的态度，不要抱着侥幸心理马马虎虎做事，更不要推诿扯皮，否则只能是自贬身价，让自己遭受日后的种种损失。

杨安谈心灵吸引力

◆人们习惯于为自己的过失寻找理由，以求逃脱惩罚。有些人总是为自己辩解，借机转移问题，减轻自己应负的责任。

◆一个人的能力有多大，可以通过他担责的精神和担责的程度来表现出来。他愿意担责的事情越多，他的能力就会越大。

◆一个人的责任心如何，决定着他在工作中的态度，决定着其工作的好坏和成败。如果一个人没有责任心，即使他有再大的能耐，也不可能成就非凡的事业。

不要抢功：争功逐利讨人厌

每个人都想在自己的岗位上干出一些成绩，有朝一日能出人头地，为了早日达到自己的目的，许多人甚至不惜代价争功抢功。殊不知，居功和抢功是职场中的大忌，只有懂得适时退让，才能避免卷入是非之中。一个具有远见卓识的人，绝不会轻易贪功，有时甚至会主动放弃自己的功劳。

抢功是一种恶劣竞争的表现。社会心理学家认为，人们与生俱来就有一种竞争的天性，每个人都希望自己比别人强，每个人都不能容忍自己的对手比自己强。因此，在面对利益冲突的时候，人们往往会选择竞争，拼个两败俱伤也在所不惜；即使双方有共同的利益，人们往往也会优先选择竞争，而不是选择对双方都有利的合作。如果大家都抱着这样的心态去工作，难免会出现恶劣竞争，导致抢功现象的出现。

职场中，升职加薪的机会人人都想得到，但有时候机会却只能给一个人，所以大家都觊觎这个机会，更有人会为了获得这个机会不惜居功甚至抢功。争功逐利的人，在无形中就会威胁到别人的利益，从而招致别人的厌恶、反对和嫉恨。

因为一般情况下，功劳都是能者居之，能力越强、功劳越大的人越接近权势。而人们内心向来都是"不患寡而患不均"，更何况升职加薪这等大事。一个居功抢功的人自然不能让众人满意，所以不可避免地会遭到同事的打压和排挤，很可能还没等到升迁就被同事合伙打压下去。如果大度地把功劳分给别人，不仅会赢得别人的好感，而且还能免除许多不必要的利益纷争。

别独揽功劳，别独享荣耀，说穿了就是不要去威胁到别人的生存空间，因为争功逐利讨人厌，且会让别人产生一种不安全感。在这种情况下，如果你不懂得低调，不懂得感谢领导和同事，不懂得和他们分享，那么为了自身的安全，别人就会和你死扛到底，直到把你挤走为止。

再者，职场上，不管做什么事情，都需要别人的大力配合。别人配合了你，就要表示感谢，就要把功劳让给别人一部分。别人付出了汗水，也该得到相应的报酬。试想，如果对方得不到相应的报酬，为什么要配合你的工作呢？事实上，没有别人的配合，你什么事情也做不了。

把功劳和别人分享，把荣耀和别人分享，让每一个人都感受到成功的喜悦。众人拾柴火焰高，如果你不让别人取暖，别人自然不会再为你拾柴。同

样的道理，事情做成了，有你的一分汗水，也有别人的一分汗水。尽管你付出的远比别人多，或者起主导作用，但别人也是费了心、出了力的。尽管可能很微弱，但是如果没有对方的全力支持，你的成功就不完美，或者可能会失败的。

所以，不要绞尽脑汁去抢别人的功劳，而是应该学习别人的长处，提升自己的才能，真正赢得属于自己的成功。古人云："不见己短，愚也，见而护之，愚之愚也；不见人长，恶也，见而掩之，恶之恶也。"意思是说，看不见自己短处的人是一个愚蠢的人；若知道自己的短处而又不改正和正视的人是一个更加愚蠢的人；看不到别人长处的人是一个可恶的人，看到别人长处而又不去学习且加以诋毁和掩盖的人是一个更加可恶的人。孙子说"知己知彼，百战不殆"，只有全面了解自己的对手才能有的放矢、百战百胜。如果没有这种意识和精神，那是不可能进步的，没有进步就意味着停止和倒退，终将难以在社会上立足。因此，我们要想在工作中获得真正的竞争优势，就应该不断地完善和充实自己，提升自己的综合素养。

当你承担了重任，做出了成绩的时候，一定要懂得把功劳和别人分享，尽管可能别人并没有做什么，但是你的感谢会让对方内心温暖，在以后的工作中自然而然地会帮助你，因为你的感谢让他感到不帮助你就是亏欠你。功劳和荣耀不是白白承受的，尽管只是口头上的几句话，但是却能让别人的内心得到满足。这种华而不实的感谢虽然缺乏实质上的意义，但听到的人心里都会很愉快，也就不会妒忌你了。

事实上，别人倒也不是要分你一杯羹，但是你主动和别人分享却让人有受到尊重的感受。

争功逐利讨人厌，抢功则无异于给自己树敌。置身职场就应该懂得收敛，尽量从大局出发，为自己的长远做打算，不可争一时之利。功劳的确诱人，可如果被贪功心理一叶障目，功劳也有可能变成毒药，一沾染必然会伤害自己，倒不如淡然处之。职场中人更应该像陆游笔下的梅花那样："无意苦争春，一任群芳妒。"

杨安谈心灵吸引力

◆做人就要坦坦荡荡，身在职场，不是自己的功劳，就不要挖空心思去占有。不抢功，不夺功，这样的人不仅人际关系好，而且会永立不败之地。

◆从不占有别人功劳这一点上，可以看出一个人的品质。优秀的品质是一个人成功的前提。

◆我们不应抢占属于别人的荣誉，即使将别人的功绩归功于自己，你也会发现自己带着强烈的负罪感，非常不开心。除非干惯了这样的事使你变成了一个冷酷无情的人。

欣赏别人：人都喜欢欣赏自己的人

"人性中最深切的心理动机，是被人赏识的渴望。"人都喜欢欣赏自己的人，我们都渴望得到别人的欣赏，同样，每个人也应该学会欣赏别人。其实，欣赏与被欣赏是一种互动的力量之源，欣赏者必须具备愉悦之心、仁爱之怀、成人之美的善念；被欣赏者也必会产生自尊之心、奋进之力、向上之志。

在人生的道路上，任何人都不可能一帆风顺。别人的欣赏和鼓励有时候就是一剂良药。俗话说："良言一句三冬暖。"欣赏别人，不仅能给人以抚慰、

温馨，还能给人以鞭策，使人的潜能被充分地激发出来，去争取更大的成功。懂得欣赏别人，别人也许也在欣赏你，久而久之，别人的优点也成了你的优点，别人的美丽也成了你的美丽，你也会成为一道亮丽的风景。

学会欣赏是一种做人的美德，肯定了别人也是肯定了自己。"欣赏者心中有朝霞、露珠和常年盛开的花朵，漠视者冰结心城、四海枯竭、丛山荒芜。"以宽厚、仁爱、欣赏的眼光看别人，还是以刻薄、敌意、贬损的眼光看别人，不仅体现一种截然不同的处世态度，也能反映一个人的境界和修养。

生活中，有的人深沉如海，有的人激情似火，有的人沧桑而质朴，有的人浅薄而浮华。生活就是这样多姿多彩。我们又何必为寻求自身价值而抵触别人合理的存在？要知道，生活自有它的逻辑，虚幻的终将被真实所代替，丑恶的终将让位于美好的。短暂的终归短暂，永恒的绝对永恒。因此，欣赏别人就是对别人的尊重。

学会欣赏别人，养成一种积极的思维方式，它可以使你受用一生。欣赏会给人一种轻松、愉快和满足感，人的心灵也会在不知不觉中得到净化与调适。欣赏还能开阔人的视野，充实生活并增添生活情趣。从现代医学的角度来看，人的精神状态与肌体健康有着十分密切的联系。作为一种审美活动，欣赏往往能够促使人进入一种积极乐观的精神状态。这对于身心健康，自然是大有益处的。

人生需要用一颗善感的心去欣赏，而不要只用一双忙碌的眼睛去观看。因为人生中如果缺乏欣赏，就缺少了应有的乐趣。

聪明的人在欣赏别人的同时，也在悄悄地提高自己；愚蠢的人只能看到别人的不足之处，看不到别人的优点和长处。有的人喜欢以自我为中心，漠视他人的成绩，听到别人获奖就不自在，看到别人进步就不痛快。这种自私、狭隘的心理不仅会使自己形成性格缺陷，还会影响与同事、朋友之间的交流，从而影响自己的进步和能力的提高。

在这个世界上，我们无法寻找到完美，任何事物都存在着缺陷，每个人都有他闪光的一面，也有他暗淡的一面，只是程度不同而已。因此，我们要以海纳百川的襟怀去接纳别人，努力地改善自己，积极地劳动和创造。可见，智者的欣赏就是在欣赏别人的同时，试着把自己投入到铸就辉煌的熔炉之中，把自卑炼成自信，把委屈升华成振奋，把失意挤压成动力，把不满锻造成奋争，把孤傲挥洒成谦逊，把挫折锤打成练达……

欣赏别人，还有助于双方建立一种健康和谐的人际关系。在节奏飞快的现代社会，在无暇沟通的生活环境中，学会赞美别人，人与人之间一定会多一分融洽，少一点隔阂。

当然，欣赏别人，不是廉价的吹捧，不是无原则的夸奖，不是投其所好的精神按摩，更不是卑躬屈膝的精神行贿。欣赏别人，是建立在客观事实基础之上的真实判断。

要欣赏别人，必须有发现别人长处的能力，就像伯乐相马一样。如果没有这种能力，就谈不上欣赏别人。

要欣赏别人，必须克服狭隘的心态和阴暗的心理。一个始终想着自己得失的人，一个总用戒备和提防的心理去对待别人的人，一个狂妄自大目空一切的人，是永远不可能学会欣赏别人的。

欣赏包括认可、接受、称赞和鼓励，是真正发自内心的健康之爱，是发掘潜能、创造奇迹的最好方法。欣赏他人，要做到以下几点。

（1）及时性：尽量在对方做的过程中给予欣赏，让对方在期待被欣赏时给予欣赏，可使效果事半功倍。

（2）准确性：欣赏时要用词准确，不要夸大事实，更不要滥用赞美之词。

（3）适时性：准备给予肯定的欣赏之前，先确定对方的职业、个性特

征、当下的情绪状态，再给予合适的用词、语气、姿态，否则就有可能适得其反。

（4）持续性：对别人的欣赏一定要有持续性；偶尔一次的欣赏，有可能使对方因期待过久而积怨成恨。

（5）客观性：欣赏不等于不能批评，中肯的批评也是一种欣赏，但一定要一语中的。

欣赏就像清晨玫瑰上的露珠和阳光，赞美和鼓励的话说起来毫不费力，却能够成其大事。对别人说一句欣赏的话也许只需要几秒钟，却能够产生巨大的功效，甚至能够让一个人受益终生。

我们可以把欣赏分为三个阶段，记在本子上，经常翻看，督促自己执行。例如，第一个阶段，偶尔说一句欣赏的话；第二个阶段，经常使用欣赏的语言；第三个阶段，让欣赏成为一种习惯。

这种方法需要我们有着较强的心理承受力，保证自己无论遇到何种情况都能够坚持下去，只要持之以恒，就一定会有效果。

人都喜欢欣赏自己的人。欣赏是激励和引导，是理解和沟通，是信任和支持，是让平凡的生活蜕变为美丽和谐的艺术。有了欣赏，一切美好愿望都具备了实现的可能性。善于理智欣赏别人的人，也会得到别人的欣赏和帮助，能创造一个宽松和谐、洋溢着浓浓人情味的温馨世界。

杨安谈心灵吸引力

◆正确地欣赏别人可使平庸变得优秀，使自卑变得自强，使消沉变得进取，使自满变得谦逊。

◆学会欣赏别人，是一种人格修养，一种气质提升，有助于自己逐渐走向完美。

◆真诚的欣赏不只是表面上简单地赞美别人，更是一种能够折射出一个人美好心灵的积极的思维方式。

不要太精：怕吃亏最终真吃亏

有一些人怕自己吃亏，因此他们总是喜欢和别人斤斤计较，处处较劲；即使是蝇头小利，也要与人争得面红耳赤，吵闹不休。他们若占了别人一点便宜，心里就会像吃了蜜一样格外舒服。其实，做人是不能怕吃亏的，怕吃亏最终真吃亏。做人的可贵之处就在于乐于亏己。事实就是这样，自己适当主动地吃点亏，就常常能够把棘手的事情做好，能够把很多困难的问题解决得妥妥当当。

生活中，有些人非常要强，为了不吃亏，永远保持着一颗戒心，什么时候都算计着，什么时候都生怕吃亏，这样的人活得很累。为了不吃亏，今天和张三斗，明天和李四斗，斗来斗去，把自己的心情斗坏了，把自己的身体斗坏了，到最后表面上来看是没有吃亏，但是实际上把本钱都给斗完了，最后还是吃了大亏。一点亏都不想吃的人，只会让他自己的路越走越窄。

让步、吃亏是一种必要的投资，也是朋友交往中的必要前提。为什么呢？

在生活中，人们对处处抢先、占小便宜的人一般都没有什么好感。占便宜的人首先在做人上就吃了大亏，因为他处处抢先，从来就不会为别人考虑，眼睛总是盯着他看好的利益，迫不及待地想跳出来占有它。他周围的人对他很反感，合作几次就不想再与他合作下去了。合作伙伴一个个离他而去，他难以再找到愿意与他重新合作的人，最后他自己还不是吃了个大亏？

从心态发展上来看，如果你老不愿吃亏，老占别人的便宜，那么会把自己弄得很猥琐。因为当便宜被你占尽的时候，你也就会觉得自己总在吃亏，心中就会积存不满和愤怒，这对自己也是很大的伤害。再者，拿朋友东西的人绝不会有什么出息，因为，他的眼光都集中到收集和占有眼前的每一点微小的利益上，势必影响自己的境界，缺乏向远处、高处看的意识和能力。"戴盆何以望天"说的就是这种人。这种人除非是买彩票中了奖，否则是很难获得很大的成功和利益的。

我们并不去讲所谓的因果报应之佛家思想，也不去谈祸福相倚的道家思想，仅仅用辩证法讲"吃亏"这件事情就会发现"吃亏"总是局限于某一阶段、某一方面讲的。比如"千金买骨"的故事，涓人用千金买千里马而不可得，竟然花五百金买了千里马的骨头，可是不满一年，天下罕见的"千里之马至者三"。这是先吃小亏，再得大便宜的例子。历史上这样的故事屡见不鲜，现实生活中类似的事也时有所闻。可见只要平心静气、全面地考虑问题，我们就不难发现世界上根本就没有白吃的亏，所有的付出总有一天能够得到应有的回报。

要做到以和为贵，就要学会吃亏。但也并不是傻乎乎地吃亏，而是要讲究技巧，虽然自己吃了小亏，但集体却可能占得大便宜。失之东隅，收之桑榆，何乐而不为？

做人要学会吃亏。要做到这一点，最重要的就是要有坚定的人生信仰和执着的人生追求，以此来克服自身固有的狭隘心理，时时刻刻将心中的"私"压抑到最低限度，尤其是面对当今社会无处不在、无处不有的物欲和诱惑时更应如此。

吃亏有时是为了更好地做好工作。吃亏就能加强团结，吃亏就能发展经济，吃亏就能创新前进，吃亏就能培养人才，这个亏为什么不能吃？能够主动吃亏的人，现实生活中确实很少。但吃亏有这么多的好处，我们自己为什么不先去吃呢？

做人要敢于吃亏、甘于吃亏、善于吃亏。吃亏并不是懦弱的表现，而是一个人品性、思想、行为的真实写照。一般人不肯吃亏，聪明人甘于吃亏，而只有比聪明人更聪明的人才乐于吃亏。聪明人常常让利于人、得失无悔，能够放平心态对待周围的人和事，也正是这种心态，才使其赢得人们的称赞。

现实生活往往是残酷的，不如意之事十有八九，面对现实，学会吃亏，必有后福。一次吃亏，或许就会改变你的一生。做一个敢于、善于吃亏的人，才是成就我们一生美好的关键所在。可以说，不怕吃亏，善于吃亏，自会换来人生无限好。

杨安谈心灵吸引力

◆有些人暂时是占了便宜，但是长久下去，最终还是会吃亏的；有些人暂时是吃了一些亏，但最终他却占了便宜。

◆只有不怕吃亏的人，才能够在一种平和而自由的心境当中去感受人生的幸福。

◆有的人因舍弃不下蝇头微利而自毁形象，可是也有人宁愿吃亏也不做损人利己的事。久而久之，后者在人们心中树立了良好的形象，获得他人的好感，为自己赢得了友谊和影响力。

第七章

从零开始塑造引力

我想我得：我的吸引力来了

现在你是谁不重要，重要的是你想要成为谁。无数事实在验证着这个观点，你现在的处境和状态如何并不重要，关键是你内心渴望成为一个什么样的人，渴望拥有怎样的生活。若是胸无大志，那你这辈子也不会有什么大成就；如果你十分渴望成功，那么很可能你的理想会在未来的某一天成为现实。听着很玄妙，对吗？其实，这些都是思想的吸引力决定的，所有的秘密就潜藏在你的体内，决定着你的命运。

人的思想总是与现实互相吸引，这种引力无时无刻不在以一种人们难以察觉的、下意识的方式进行着。正是你的吸引力帮助你取得了成功，而成功的你，将会产生更多更大的吸引力。

你若留心观察就会发现，那些抱怨、不满、焦躁或愤怒，大都来自那些平凡庸碌者，他们在心里相信，自己注定会平凡庸碌。而大凡成功者，则都会拥有一个积极乐观的心态，他们会坚定地相信自己是优秀的，这种相信让他们步入"成就—积极—再成就"的良性循环。

这就是我想我得的吸引力。

我们来看看现实生活中，思想的吸引力是如何影响并作用于我们的。一个拼命想升职的人，他会想尽办法扫除升职路程上的障碍；一个时常发怒的人，他会想着法子让周围的人也处于同样的状态；一个从不迟到的人，他会比别人

起得更早；一个唠叨成性的妇女，她会找到所有能够供她唠叨的事情，并以此来满足自己唠叨的愉悦感……我们每一个人就是这样通过思想的指令而作用于我们的言行的。

我们的思想，就像一块抛入平静水中的石头，可以激起千层波浪。但是，这里面却隐藏着我们不知晓的秘密。我们知道，水的波纹只能向四周平面扩散，而思想的波纹是可以多向地扩散的，纵横交错，立体发散。当然，这个比喻可能不大恰当，但至少能够说明思想作为一种"物质"存在的特殊性。

我们生活在这个世界上，除了被空气包围着，也被无数的思想包围着。水的波纹会随着面积的扩大而逐渐削弱，直到消失。人的思想也是同一个道理，唯一不同的是思想不会消失。水的波纹如果在扩散过程中受到阻力会削弱，直到消失，人的思想会因为彼此之间的联系、牵制、阻碍等因素而受到影响。

一个强大的、新颖的、有见地的、有益的思想会引起思想吸引力的共鸣。我们若善加利用，就会给我们带来意想不到的好处。一个极度龌龊、卑劣、邪恶的思想，我们若不加以区分、排斥，反而受用于己，就会给我们带来痛苦的惩罚。可见，我们能够全身心地投入到一个正确的思想或是想法中去，我们就能为自己制定一个正确的行动指南，让自己更快地走向成功。

此外，如果我们所制定的这个行动指南能与他人吻合，我们就能与他人产生思想吸引力的共鸣，从而更好地通力协作。

在发明创造中，思想吸引力引起的共鸣也是能够服务于己的。比如说，你在前人的思想基础上，找到共鸣之处，并经过自己的创新发展，最后取得了不错的研究成果。其实，这样的思想吸引力共鸣在团队协作中更能体现出来。与之相反，如果你的思想不能与他人产生吸引力共鸣，你就会面对很多反对者。就像一个公司制订一项计划或者措施，如果制订之人不是本着员工的利益出发，那这个计划和措施将很难得到实施。

因此，思想吸引力的法则在管理学中经常运用，当然，它的作用远不止在管理方面，在我们日常生活、商业谈判、国家交往等诸多方面，都有着不可忽视的作用。

总之，一个人想要得到某些东西，试图完成某一目标的时候，不管这个目标是可以独立完成的，还是需要团队合作才能完成的，他的内心能量都会以合理的方式向外辐射。继而当他付诸行动时，理想的美景就会一步步地向他铺开，朝他涌来。

记住我想我得的思想吸引力规律吧！当你渴望成为一个什么样的人时，渴望获得什么样的生活时，思想的吸引力就会同时发挥效用，帮助你一往直前地抵达目的地。不过，你要明白，这些绝非命运的安排，而是你改变自己的结果。

杨安谈心灵吸引力

◆爱的思想将会吸引来别人的爱，不仅如此，凡是与之相一致的人和事物，乃至包括环境，都会为此而被吸引。

◆我们的精神状态与心理状态决定着我们受益于思想吸引力的大小。

◆一个精神萎靡者，他不可能有心力去吸收有益的思想；一个心态不好之人，他不可能真心接受他人的有益思想，反而会不屑一顾，甚至排斥。如此一来，你要让他与别人产生思想共鸣，只能是天方夜谭了。

突破瓶颈：盘点过去的我

在现实中，有些人频繁跳槽，但总找不准自己的位置。更多的人抱着急躁的心态想去改变整个世界，想一下子就改变自己周围糟糕的环境或者恶劣的条件，却往往没有想要去改变自己，结果往往是撞得自己头破血流。

这些人由于陷入瓶颈，而盲目流动，却不做反思，既招致用人单位反感，又浪费了自己的大好时光。

事实上，有些问题，不是换个地方就能解决的，它会跟随着你，直到你真正面对它，把它解决掉。只有这样，你才能从根本上解决问题，改变你目前的处境。

所以，要想突破瓶颈，就要盘点过去的自己，对自己过去的所作所为进行反思，对的发扬，错的检讨，尤其是要汲取失败的教训，使自己更好更快地进步。

盘点过去是自我认识水平进步的动力，盘点过去是对自我言行进行客观的评价。一个不会盘点过去的人，永远不知道自己错在什么地方，也不会知道如何去改进，所以，永远都是原地踏步走。只有不断地自我反省，才能令自己不断地进步，从而立于不败之地。

一般地说，善于盘点过去的人都非常了解自己的优劣，因为他时时都在仔细检视自己。这种检视也叫作"自我观照"，其实质也就是跳出自身，从外面重新观看、审察自己的所作所为是否为最佳的选择。这样做就可以真切地了解自己了，但审视自己时必须是坦率无私的。

能够时时盘点过去、审视自己的人，一般都很少犯错，因为他们会时时考虑：我到底有多少力量？我能干多少事？我该干什么？我的缺点在哪里？为什么失败了或成功了？这样做就能轻而易举地找出自己的优点和缺点，为以后的行动打下基础。然而，太多的人却没有养成经常盘点过去的习惯。

人生的成功之路并不如人们想象的那样一帆风顺。想少犯错误就需要不停地盘点过去，培养自省意识，在自己身上找原因。这样才能不断改进，才不会迷失发展方向，从而笑到最后。

那你应该盘点过去些什么呢？是不是专门要弄得自己不高兴，跟自己过不去？不！以下几个方面值得你去盘点。

（1）人际关系。你有没有做过什么对自己人际关系不利的事？你与人争论，是否也有自己不对的地方？你是否说过不得体的话？某人对你不友善是否还有别的原因？

（2）做事的方法。反省今天所做的事情，做得是否得当，怎样做才会更好？

（3）生命的进程。反省自己至今做了些什么事，有无进步？是否在浪费时间？目标完成了多少？

你是否经常像上述的那样盘点过去的自己？如果没有，就从现在起培养盘点过去的习惯吧。

那么，一个人应该怎样培养盘点过去的习惯呢？

首先，学会正视人性的弱点，认识盘点过去的必要性。

毋庸置疑，人的通病都是"长于责人，拙于责己"或"以自我为中心"。盘点过去要求的是"反求诸己"，而不是找他人的不足。盘点过去是一面心镜，通过它可以洞观自己的心灵。人本身就如同眼睛一样可以尽情地看外面的世界，但是却无法看到自己。建立盘点过去的机制将彻底改变这一局限。盘点过去难就难在个人的意愿上，关键看你愿不愿意去审查自身缺陷，有没有勇气

去洗刷它。

其次，盘点过去的内容就是时时扪心自问，检察自己的言行是否正确。时时进行"心灵盘点"，有益于及时知道自己的得与失，思考今后改进的策略。

再次，盘点过去的立足点和取向主要是针对自己，省悟自身的不足。比如，"念自己有几分不是，则内心自然气平；肯说自己一个不是，则人之气亦平""自知其短，乃进德之基""先问自己付出多少，再问人家给了多少"等，都是很好的盘点过去的方法。若我们能时时这样去盘点过去的自己，就能心平气和地待人处事，就能广结善缘，力求进取，开创辉煌的人生。

最后，盘点过去的自我，还应该加强自我修养，特别是培养深刻的自省能力，这是我们提升个人境界、赢得成功的关键。自我修养就是自我投资，就是敢于同自我作斗争。提升自我、加强自我修养的最好的方法就是研习成功者的案例，提供有利的参照，所谓"以人为镜，可以明得失"。

在茫茫的人生旅途跋涉，人们必须养成盘点过去的好习惯。时时叮嘱自己："一路走好，每天进步一点点。"只有这样，我们才能突破瓶颈，超越自己，从而让生活更加充实，让人生更加完善。

杨安谈心灵吸引力

◆盘点过去是砥砺自我人品的最好磨石，它能使人的想象力更敏锐，使你能够真正认识自我。

◆一旦养成了盘点过去的习惯，你就会发觉自己每天都在进步，与成功也拉近了距离。

◆良好的盘点过去的机制是自我心灵中的一种"自动清洁系统"或"自动纠偏系统"。

心态要紧：开心就从现在开始

生活中，许多人都将大部分时间花费在为各种各样的事焦虑的"神经焦虑"艺术上。一方面，让过去的问题和未来的忧虑来控制现在，如此以焦虑、受挫、沮丧和不抱希望而告终。另一方面，我们搁置了我们的满足感、我们固有的优势，经常说服自己"有朝一日"会比今天更好。不幸的是，这种指望将来的心理只会使我们重复过去，以至于"有朝一日"永远不会真的到来。

可悲的是，许多人总是在推迟自己的开心——无限期地推迟。并非有意如此，而是总在说服自己："有朝一日我会开心的。"我们告诉自己，当我们付清账单，当我们完成学业，得到我们的第一份工作、一次提升时，我们将会开心。我们劝告自己，当我们结婚之后，有了一个孩子之后，生活将会更美好。然后，我们会苦于孩子不够大——当他们长大了，我们将会更满足。之后，我们又苦于要去应付十几岁的少年。当他们跨过这一阶段我们当然会高兴。我们对自己说，如果我们的配偶表现出色，当我们有辆更好的车，能够去欢度假期，当我们退休了，我们的生活将会完美……

总之，生活在继续，尽管我们一一实现了自己的目标，开心却并未如期而至。因为，没有比现在更适合开心的时间了。

我们所拥有的只是现在。内心的平静、工作的成效，都取决于我们如何活在现在这一刻。不论昨天发生过什么事，也不论明天有什么即将来临，你永远置身"现在"。从这个观点来看，开心与满足的秘诀，就是全心全意集中于现在的每一分、每一秒之上。这个心态对于人生很重要。

小孩子最美妙的一点，就是他们会完全沉浸于现在的时刻里。不论是观察甲虫、画画、筑沙堡还是从事其他活动，他们都能做到全神贯注。

如果你也能使自己专心致志于你的"现在"，专心致志于你总是逃避、忽视并让它白白流逝的时光，那么，你现在的这种体验必定极其美好。珍惜你的每一时刻，过去了的就让它过去，也不要老是幻想将来，把现在紧抓在手，作为你唯一的所有。记住，憧憬、希冀和后悔都是忽视现在的最普通、最有害的"策略"。

怎样从现在开始去获得开心呢？

1. 主动寻觅、用心追求才能得到

追求开心之道，有一个大前提：那就是要了解开心不是唾手可得的。它既非一份礼物，也不是一项权利；你得主动寻觅、努力追求，才能得到。当你领悟出自己不能呆坐在那儿等候开心降临的时候，你就已经在追求开心的路途上跨出一大步了。

2. 扩大生活领域、尝试新的事物

当你肯尝试新的活动，接受新的挑战的时候，你会因为发现了一个新的生活层面而惊喜不已。

学习新的技术、开拓新的途径，都可以使人获得新的满足。可惜许多人往往忽略了这一点，平白丧失了使自己发挥潜能、获取开心的良机。

许多人以为自己应该等待一个适当的时机，以稳当的方法去开拓前程。这种想法未免过于被动，因为那个适当的时机可能永远不会到来。任何人的生命都不是精心设计、毫无差错的电脑程式，所以应该有准备迎接挑战的勇气。

3. 天下所有的事情并非只有一个答案

追求开心的途径很多，不只有你认定的那一个。一般人往往认为自己这一生只能成功地担任一种工作，扮演一个角色，甚至以为如果不能得到或办到，自己就永远不会开心，这种想法未免太狭猛了。不能达到目标固然痛苦，可是这并不表示你从此就与开心绝缘了，除非你自己要这样想。

对事物应采取弹性的态度，不要冥顽不灵，记住任何最好的事都不一定只有一个。当然这并不是要你放弃实际的、可行的、梦寐以求的目标，而是鼓励你全力以赴，使梦想实现。

4. 敢于追求梦想与希望

一般人只看到已经发生的事情而说为什么如此呢，我却梦想从未有过的事物，并问自己为什么不能呢。人应该有梦想、有希望，因为奋斗的过程和达到目标一样，都能使人无比的开心。你要有勇气梦想自己能成为一位名医、明星、杰出的科学家或作家……而且要全力以赴，奔向理想。

当然你的梦想要合理并且具体可行，不要好高骛远，空做摘星美梦。比如你天生一副乌鸦嗓子，就别梦想变成画眉鸟！还有，你要记住，就算你无法达到这个目标也并非世界末日。你积累的经验和应对问题的乐观心态也是后来成功的非常重要的基础。

5. 关心周围的人和事物

假如你对某些人、事、物很关心的话，你对生命的看法一定会大大地改观。如果你只为自己活，相信你的生命就会变得很狭隘，处处受到局限。以自我为中心的人也许会不断地进步，但是却永远不易感到满足。

那么你应该关心什么？关心谁呢？想一想，我们虽然平凡，至少可以帮助学童上下学，为病人念念书，到养老院打打杂，甚至把周围环境打扫干净……只要付出一点点，你就会开心些。心理学家曾经表示："只顾自己的人结果会变成自己的奴隶!"可是关怀别人的人，不但能对社会有所贡献，更可以避免因为只顾自己而过着枯燥乏味、毫无情趣的生活。

开心不是没有烦恼，每个人都有烦恼，但并非人人都不开心。开心也不依赖财宝，有些人只有很少的钱，但一样开心。也有些人身家丰厚，但也不见得终日笑口常开。要紧的是心态要积极。只要你时常保持心态的正向和积极，那么，开心就会一直围绕在你身边。

杨安谈心灵吸引力

◆从消极中走出来，学会欣赏和热爱已经拥有的现在的生活，本身就是一种成长。

◆现在就开心，是帮助我们充实人生，帮助人生充满活力的方法。

◆我们心灵平静和开心的程度取决于我们能否生活在现在。无论昨天或过去发生了什么，你身处的都是现在——永远如此!

爱上自己：自己都不爱自己，怎么让人爱

不管我们是否开创了轰轰烈烈的事业，是否有显赫的成就，我们都应该热爱自己的生命。因为生命实在来之不易，我们不应该轻视自己。我们每个人都是世界上的唯一，如果有谁太在乎别人的评论而改变自我，或因心中崇拜别人

而丧失自我，那都是非常可笑的事。试想，自己都不爱自己，又怎么能让别人爱？

在人的一生中，通常仅仅发挥了潜能的 1/10。人如果与他潜在的自我来比较的话，只能算是个半醒的人罢了，因为，通常来说他仅将他的潜能发挥了一部分，而一个人的能力远超过他的所有外在表现。但是，我们却没有好好地利用它。我们都有这种潜能，实在不应该不珍爱自己，而应该积极地去塑造自己的人生。显然，你存在于这世上的价值是别人无法取代的。通过激发潜能，你也能创造出瞩目的成就。

不过，有时候别人会怀疑我们的价值，久而久之，我们就会对自己的重要性感到怀疑。外部的挑战虽然严酷，但不管你能不能克服，总有过去的时候；现在对你造成威胁的每件事，以后未必还会存在。唯有内心里那个自我永远不会消失。

在这个世上，每个人都是独一无二的，因为你所做的事，别人不一定做到；而且，你之所以是你，必定有你自己独特的地方——我们姑且称之为物质吧——而这些物质又是别人无法模仿的。

既然别人无法完全模仿你，也不一定能做你能做得了的事，试想，他们怎么可能给你意见？他们又怎能取代你的位置，来替你做些什么呢？所以，这时你必须相信自己，学会爱上自己。

怎样才能去除自卑，爱上自己呢？

第一，跳出"与别人比较"的模式，而成为"与自己比较"的独立的自我。做到这点很不容易，因为我们从小到大所受的教育与社会影响多半是与别人比较，我们已经养成了习惯，但习惯是可以改变的，凡事开头难。最好找一个好朋友一起做，彼此鼓励，彼此切磋与支持。

第二，写下你所有的优点。在许多场合下，我要求参与者写下优点时，他

们觉得很困难，但要他们写缺点时，却又快又好，所以请大家花一点时间想想自己的优点，若想不出来，就问朋友或家人，有时候反而是别人知道我们的优点比我们自己知道得多。

第三，每天早上、中午及晚上念自己的优点三遍，刚开始可能觉得不自然甚至有些虚假，有了这种感受而仍然去做，在做了一段时间之后，你会发现优点增加了。

第四，每天记下自己所做的事，在好事、好的表现如"努力""认真""勤劳"等上面打一个记号，在需要改进的事及欠缺的方面如"骄傲""懒惰"等上面打一个记号，在晚上做一个总记录，做完记录之后，好好地欣赏与肯定自己所做的好事，对需要改进的事则告诉自己说：今天我有些自私，明天我会改进，做得更好些。要谢谢今天所发生的一切人、事、物，感谢它们使你有学习、改进和成长的机会。

第五，用幽默的态度"嘲笑"自己做得不够好的地方，而不要严肃地责怪自己：你看，你又犯了这毛病，怎样搞的，你怎么这么笨，老是学不会，难怪别人都不喜欢你！转换成：你看你，又自我中心了！我是很努力了，但下次要更小心点、更努力点。

尽管不完美，但我还是我。正视自己，爱自己。让自己的身体更加强健，让灵魂得到陶冶，这样才能更好地关爱他人，也才能更好地接受他人的关爱。当你真正做到摒弃自己的缺点的时候，以正确的眼光和心态面对自己，那么相信你会摆正自己的职场位置以及在社会中的位置，这样你就会在生活的各个方面充满信心，游刃有余。

每个人在世界上都是独一无二的，无论什么时候，我们都要对自己有个充分的全面的认识，并时刻告诉自己"我是最棒的"，同时不断地朝着自己的理想而努力奋斗。只有不断地鼓励自己、接受自己，才会真正懂得爱自己，才会在面对生活中的各种事情时有勇气、有力量，能够不卑不亢、从容应对。

杨安谈心灵吸引力

◆一个人若连自己都不想做，连自己都不爱自己，又怎会令别人爱你？又怎能吸引别人？又如何获得他人的情谊？

◆人类的奇妙，在于每个人都是宇宙间独一无二的个体，这也是每个人都应引以为傲的。没有人能替代我们，就像我们不能替代任何人。

◆爱上自己，相信自己。你别出心裁的创意，像鸽群一般在天空翱翔，只有你才捉得住它们的羽毛；你的设想像珍珠一般散落在海滩上，等待着你把它们用金线串起。你的意志向前延伸，直到地平线消失的远方……

遵循成规：成规成就魅力

有这样一则寓言：河水认为河岸限制了它的自由，一气之下冲出河岸，涌上原野，吞没了房舍与庄稼。给人们带来了灾难。它自己也由于蒸发过度和大地的过分吸收而干涸了。

河水在河里能掀起巨浪，推动巨轮。而当它冲出河岸以后，就只会造成灾害——危害他人又毁灭自己。

为什么寻求自由的河水最终又失去了自由呢？那是因为它所寻求的那种不受约束的、绝对的自由是不存在的。就像人们常说的那样："不以规矩，何以

成方圆？"

成规是人类社会得以正常运转的必不可少的前提条件。它渗透在人类社会的各个领域、各个方面，只有按照成规做事，按照成规办事，才是使事情正常进行下去的必要保证，才能赢得他人信任，成就自己的魅力。

虽然任何规矩都不会让每个人都感到满意，但你要在某种规矩所约束的范围内行事，你就必须遵守那里的规矩。否则，你就不能融入那个环境。

例如，各种体育项目，其规则都与这种项目源于哪个民族的身体特征有关。现代足球起源于欧洲，因此，对亚洲人来说，足球场的场地太大，比赛时间太长，竞争太激烈。而对身材高大的西方人来说，乒乓球的桌子又太矮太小了。但在奥运会和其他国际比赛中，不论是什么球，也不论它是适合于东方人还是适合于西方人，都只能制定和遵守一个统一的规则。

再如，世界各国的语言文字都不一样。但是，不论你的母语是什么，也不论你是什么人，你要用英语，就必须按英语的规矩使用英语；同样，你要用汉语，就得按汉语的规矩使用汉字。

同样，你用自己的方法研究数学、物理、化学，不使用那些稀奇古怪的语言和符号，也可以取得成果，甚至是惊人的成果，就像古人和今日的某些专家一样。但如果没有人给你当"翻译"，把你的那套语言译成规范语言，你也进不了科技界的主流。

各种各样的活动都是如此，所以，如果你想加入某个行业的主流，你就必须遵守这个行业的规则。这是大家必须遵守的起跑线，只有按照成规做事，我们才能避免很多不必要的麻烦，并且可以保证事情顺利地进行。

那么，在生活中，我们普遍需要遵循的成规是什么呢？

1. 为自己树立目标

要做个有成就的魅力者，必须知道自己想成就的是什么。否则就会像在太平洋航行却没有指南针一样，随风飘荡，虚掷一生，却哪儿也没去成。

　　成就并不是做做梦就能获取的。定下目标只是第一步，第二步与第一步同样重要。计划必须谨慎构筑，有力执行，才能取得成果。这听起来像是老生常谈。令人惊讶的是，世上只有很少人清楚地认识到：为自己制订目标及执行计划，是唯一能超越自我的可行途径。

2. 坚持不懈

　　不知是否有人在迈向成功的道路上从未摔过跤？有的人之所以比别人成功，在于当他们遭遇失败时，有毅力及勇气爬起来，再来一次。他们很早就从生活中学会没有"失败"这种东西，只有"学习机会"。失败之所以是失败，是因你不再坚持，而使失败成为定局。失败是达成既定目标的一部分。

3. 紧守诚实之心

　　不诚实，你就没有人格，不会吸引别人去理睬你。有些人对诚实的重要性认识不足，他们认为必须走"小路"才能在事业上成功。这些人应和那些在事业上已取得成功的人士多聊聊。

　　信任就像一根细丝，弄断了它，就很难再接回原状。不管在生命的哪个阶段，你能拥有的最伟大的品质就是诚实。金钱不能买来清明的良知。

4. 果断下决定

　　最擅长偷取时间的就是"迟疑"，你得想得快一些，行动得快一些。然而，明快决定和草率决定是不同的，对于前者，你得尽快得到必要的资讯，以协助你的决定。为了让资讯有助于决定，你可以拿一张纸，从中间画一条线，正面因素放一边，负面因素放另一边，之后，以一到十来替每个因素打分。这

未必是最好的方法，你大可根据自己的情况用别的方法，但这个方法的确能让你的脑袋清楚很多。

5. 终身学习

常言说"活到老，学到老"。不管何时碰到需要解决的问题，都不要焦虑不堪，要学会随时汇集手边任何可得的资讯，把它装进头脑中，随着时间的推移消化、沉淀这些想法，直到答案从中清晰地跳出来，你所面对的问题也就迎刃而解了。

学习从来不会停止，除非你打算脑袋空空地过完一生。

我们所提倡并遵循的成规是那些对人类社会、对个人发展都有益的规矩，而不是束缚人的创造能力的枷锁。它能让你更受欢迎，更加顺利，更有魅力。让我们每个人都"循规蹈矩"吧！

杨安谈心灵吸引力

◆这里所强调的成规，就是做人和做事的行为准则。

◆成规是做人的根本，是对人生的道德上的指引，它起着一种原则性的指引作用。

◆做任何事情，都必须依照基本的标准，否则只会导致失败。

自我创新：塑造不一样的我

许多人都有这样的经验，不论做什么事，结果往往不能如愿。出了问题，也只好责怪自己。而另一些人，则常常会满足于自己的"安逸区"，取得了一点成功便会有忘乎所以的姿态，获得一次的胜利便展现出满足于现状的心态，取得了一次难以逾越的事业高度后便止步不前，而正是这些心态使得自己又渐渐地恢复到了平淡和平庸。

人的一生，最大的竞争对手就是自己，最难的就是自我创新。无论是如愿或得意，如果不能坚持自我创新，就会面临接踵而至的各种棘手问题，并且手足无措，不能有效解决和处理好。

事实上，自我创新，往往是一个蜕变成长的过程，也是向更高的高度起跳的过程。例如动物世界中的蝴蝶，如果它没有经历在茧中的蜕变、蛰伏过程，它怎么能迎来自己羽化成蝶时的美丽？

蝴蝶的蜕皮效应告诉我们：每个人，无论是在实际生活中，还是内心深处，在取得一定成绩后，都会有自我满足感，而这也是停滞不前的原因之一，所以，人们要敢于否定自我的满足感，敢于自我创新，不断地在成长的道路上披荆斩棘，才能达到更高的人生高度，塑造出不一样的自我。

那么，怎样实现自我创新呢？

1. 树立愿景，用愿景拉动人生

人生发展有两种动力：一是靠愿景拉动，二是靠压力推动。靠愿景拉动，就是操之在我、发之内心，这种动力是强烈的、持久的，是充满激情的。

人生愿景是个人向往的一幅未来视觉化的图画，是发自内心的追求和终极目标，是个人需求、信念和价值观的结晶。未来愿景与现况之间的差距，让人产生一种创造性的能量，这种能量一旦被激发、被使用，就会推动你向愿景方向前进。人的愿景是多方面的，或是能力方面的，如知识与技能的提高；或是精神方面的，如心灵境界的修炼；或是物质方面的，如财富的创造与积累；或

是社会方面的，如慈善事业等。

自我创新就是跳出环境的限制，弄清楚个人想要的，不断强化愿景，用愿景与现状之间的差距来产生创造性能量，从而不断突破自我设限，冲破种种障碍，塑造出不一样的自己。

2. 观念创新，打破思维定式

观念决定人生命运，改变观念，就会改变人生结果。观念是一切事物的起点，你有什么样的观念，就会有什么样的人生。所谓观念，是人们头脑中形成的能左右人行为的一种巨大力量，是客观世界在人头脑中的反映，与意识、精神、思想等相同。观念，是人的一种心灵模式、思维模式，一个人总是通过观念来解读一切事物，观念直接支配着人的思想、感情和行为。

人与人之间最大的差别在观念，不同的观念造就了每个人不同的命运。改变观念，就改变了人的精神状态；改变观念，就改变了人的工作态度；改变观念，就改变了人际关系；改变观念，就可以改变一切。任何事物的差别都是一念之间，观念是一切事物的起点，一个人有什么观念就会有什么样的人生命运。

旧观念是人生监狱，你最大的敌人不是别人，而是你自己的旧观念，只有彻底改变旧观念，才能迈向成功的征途。人生成功的规律是，观念变，导致行为变；行为变，导致结果变。

3. 意志自我创新，意志胜智慧

"意志力是成为天才的最基本的特征，是衡量天才的标准。""钢铁般的意志，比智慧和博学更重要。"意志，有三大要素，即决心、信心和恒心。意志，有六大功能：①定向功能——确定活动的目标和方向；②动力功能——提供行为的内在动力；③引导功能——充当行为活动的导航员；④维持功能——克服障碍，知难而进，坚持不懈；⑤调节功能——调节行为活动的心理和行为；⑥强化功能——强化活动中的身心能量。

一个人意志的大小，决定人生成就的大小。无志者，平平庸庸，得过且过；小志者，浅近目标，易于满足；只有大志者，才有远大的追求，才会不断进取。志气、动力、成就，三者是统一的，是互为因果的。我们人生缺的不是知识和水平，而是追求成功的意志和热情。

凡大成功者都不胜在智力因素，起决定作用的是意志因素。人生不可能一帆风顺，而在逆境中做出杰出成就更是意志的力量。翻一翻历史，我们就会发现：自古雄才多磨难，从来纨绔少意志。意志的培养、形成，都离不开实践活动。培养意志最好的方法，就是用行动来激励自己去完成最困难的工作。只要我们抓住各种机会有意识地进行锻炼，我们的意志就会不断得到加强。

古今中外的大量事实说明，意志为王，敢拼才会赢。

4. 细节自我创新，细节显示差异，差异决定成败

"天下难事必作于易，天下大事必作于细。"大意是处理困难的事情，要从简易处入手，而实现大目标要从细微之处做起，这告诉我们，要想自我创新，必须注重细节，细节是决定成败的关键因素。

5. 多付出一点，卓越与平凡的分水岭

人生的成长就是一种积累，我们今天是在昨天的基础上成长的，明天是在今天的基础上成长的；今年是在去年的基础上成长的，明年是在今年的基础上成长的。如何快速积累呢？就是坚持每天多付出一点。想想，如果一个人坚持每天进步一点点，哪怕是只有1%的进步，一个月下来，一年下来，那最终就

可能带来"翻天覆地"的变化。

人生成功是一种选择，一种决定，一种承诺，是一种持续不断的过程。多付出一点，不但显示你勤奋，还能提升你的工作能力，使你具有超强的生存力和竞争力。

在追求成功的道路上有三种人：第一种是不努力的人，撞钟和尚，得过且过；第二种是努力的人，认真完成本职工作；第三种是最努力的人，他不仅认真完成本职工作，而且能从全局思考问题，着眼于全局、着眼于发展。只有最努力的人，才能成为卓越人才，取得杰出的成就。

杨安谈心灵吸引力

◆每天进步一点点，每次改进一点点，每天创新一点点。

◆在人生路上，无论谁做事情，哪怕他做得再细再好，也会有不完美的地方，这就要继续努力做得更好。只有不断地挑战现实，超越自己，才能够获取更大的成功。

◆人生的高度无止境，成功的宽度无极限，人们每次获得那一次次的成功只是其中的一段而已。如果能够摆正心态，继续努力、挑战、超越，往往能够挖掘更深的高度，拓展更宽的宽度。

释放能量：能量不释放则失效

科学家发现，人类贮存在脑内的能量大得惊人，但是到目前为止，人类普遍只开发了大脑潜能的5%，约有95%的大脑潜在能量尚待开发与利用，即使像爱因斯坦这样的科学精英的大脑的开发程度也只达到 13% 左右。人类要是能够发挥一半的大脑功能，就可以轻易地学会 40 种语言，背诵整本百科全书，拿 12 个博士学位。

每个人都具有相当大的潜在能量。如果这些未被利用的潜在能量全部释放出来，人人都是超人。但是，如果不释放，则会将它深深掩藏，丝毫不能起到作用。

1. 人类的几种潜在能量

（1）精神的潜在能量。一个有智慧的人，他不仅仅可以发现别人的优点和缺点，同时也能发现自己的优缺点，并且不断地修正它。如果你自己的价值观是明确的，并且采取了相应的行动，那么在精神方面你就永远是有智慧的人。

（2）身体的潜在能量。人的身体拥有巨大的潜在能量。无论是演员、运动员还是工人，凡是依靠体力劳动的人都知道，经常锻炼可以增强身体素质。为了使身体保持灵活，你应该使运动成为习惯，并且吃健康的食品。每个月工作了 21 天后，你会产生疲惫的感觉，这就是你的身体自发产生的对锻炼的要求，这有助于维持强健的身体。记住，要学会遵从自己身体的需要。

（3）创造的潜在能量。创造性可以是画一幅画或者学会使用一种工具，也可以是做一顿晚餐，就连侍弄花草也是创造。你可以试着做个经常想入非非的人，不妨做个试验，当清晨起床时，可以将梦作为日记记下来，并且用想象力来延续它，也可以试着把一根铁丝能做出来的所有东西都记录下来。想法是不是有很多？好极了，这说明你也像电话的发明者贝尔一样有创造力。

（4）计算的潜在能量。每个人都具备计算能力。许多人认为，计算能力是一种独有的天赋。其实这种看法是错误的，计算能力是需要被激发出来的。

在用计算机计算之前，你可以先用大脑进行计算。你可以试着经常进行诸如工作占用了多少时间，有多少时间是与家人在一起的，学习和睡觉用去了多少时间等的计算。相信在经过有意识的训练之后，你也可以拥有这种曾经让你心动的能力。

（5）文字表达的潜在能量。扩展自己的文字财富，试想一下，如果你现在已经掌握一千个英文单词，哪怕你每天在大脑中只增加一个新的英文单词，一年后你的英文表达能力便会提高40%。开发文字表达潜在能量的最好办法是多看书，多练习写作。

（6）空间潜在能量。空间才能就是指看地图、预测身体正确通过空间以及组合各种形式的能力。调查表明，出租汽车司机的脑子随着开车时间增加会变得越来越好使，这是因为城市的情况都被他们储存在大脑中了。因此，空间潜在能量的发挥与社会活动有着非常紧密的联系。

潜在能量对于每个人来说都是无限的，然而很多人终其一生，也只能开发自己潜在能量的一小部分而已。实际上，我们每个人都像是一个没有发育充分的西红柿，我们原本可以结1万多个果实，可实际上我们却只结出了几十个，甚至十几个果实。一旦将这些潜在能量释放，你完全可以创造出前所未有的奇迹。而你若不释放，则只会让潜在能量随着岁月的流逝而失效。

2. 挖掘潜在能量的方法

（1）保持健康。身体健康对我们生活的各个方面的能量起着很大的作用。通常消除疲劳的最好办法是做30分钟的体育锻炼。自我感觉身体健康的人很可能用自己的能量为他人造福，而那些死气沉沉、萎靡不振的人则做不到这一点。

（2）利用愤怒。每个人都有生气的时候，可我们却把火气硬压了下去，因而丧失了随着生气而产生的能量。有时候，我们可以借用生气的机会让世界都知道我们是生气勃勃的，但是也有把愤怒的能量用在积极方面的可能性。在你感到怒火中烧的时候，就去找你喜爱的项目愤怒地工作吧。

（3）积极进取。许多研究表明，具有积极的人生观的人比那些消极的人生病的机会少，他们的能量更大。即使生活中的严重打击，在你持正确态度时，也可以给你额外的力量。承认消极并不意味着痛哭流涕，而是面对现实，跌倒了爬起来，继续前进。给好朋友讲述生活中的不幸会使你感觉轻松一些，更有力量。一旦解决了那些不愉快的事情，你就如释重负，集中精力工作。

（4）实事求是。人们能够相互信任，敢讲真话，事情就好办多了。讲真话，只有在你流露真感情时才有作用，而不是用以侮辱他人为自己谋利益。实事求是对于释放所有的能量都有作用。

（5）分清主次。做选择时面临着可怕的事实，要在一个方面有进展，必然在其他方面有损失。选择一个目标等于舍弃了其他许多目标。犹豫不决只能导致懒散、压抑、绝望、一事无成。精神上的疲倦常常可以用明确的行为动机来医治。你不能做每样事，但你可以做一件事，然后再做另一件事。即使做错了，选择比没有选择好。把每日、每周、每月的事务按轻重缓急加以分类，至少必须完成最重要的事。对待长远目标也要采取这种办法。主次会变化，要随时加以调整。主次分明会产生能量。

（6）限定时间。任何事情要限期完成时会使人干劲倍增。例如交易的最后一天和交论文的前夜。但是这种限定并不常有，你可以为自己规定最后期限，并告诉你的亲友。限期越迫近，难度就越大，你的干劲也就越大。

（7）持之以恒。做事不能半途而废，要做出聪明的计划。你能干什么或你认为你能干什么，就开始干吧。记住，你不能储存能量。充足的休息是任何行动计划的一个部分，但是如果没有积极的行动配合，休息只能使你感到

压抑。

　　压抑和不满是由于我们的能量没有使用，潜在能量没有挖掘。每个具有剩余能量的人要做的有建设性的、有创造性的工作很多。我们每个人都能增加自己的能量。开始释放潜在能量吧！

　　杨安谈心灵吸引力 ⋯⋯⋯⋯⋯⋯⋯⋯⋯⋯⋯⋯⋯⋯⋯⋯⋯⋯⋯⋯⋯⋯⋯⋯⋯

　　◆如果能释放出潜能量的10%，那么我们的生活将焕然一新。

　　◆要信任自己潜在能量的"创造机制"，不要有意识地强迫它工作，你能采取的最好的方法就是放手让它工作。

　　◆你所具有的任何潜能量，都是你即将成功的前兆，所以你必须仔细地考虑如何释放，这些都是使你拥有自信以及迈向成功的契机。

终极密码：个性的才是大众的

　　生活是形形色色、千变万化的，每个人所处的环境不同，生活也不同，而人与人之间本来就存在差异，每个人在人群中都具有独特的个性。

　　在生活中，我们会发现，那些个性鲜明的人通常是受欢迎的，好像在他们身上有着无穷的魅力。其实，鲜明的个性本身，就是一种无形的人格魅力。只要是个性鲜明的人，往往能让人一见难忘；相反，那些没有特色、没有气质的人，只能湮没在茫茫人海之中。这就是为什么有的人只与我们有一面之交，但你却对他铭记在心；而有的人虽然与你朝夕相处，却从未在你脑海中留下印象。于是，有的人令我们终生难忘，有的人却很难在我们心中占据一席之地。

因此，越是真正个性的越能深入人心。

个性是什么？

个性是人的社会属性，决定了每个人都是社会的一员，在社会生活中，由于每个人的生理素质、家庭环境、社会经历和文化教养等不尽相同，因此，在思想、情感、性格以及精神领域中，形成了与众不同的特性。这种特性就是个性。

属于个性范畴的心理特征，主要包括一个人的价值观念、能力、性格、态度、气质、兴趣等。这一系列的特征总和，构成了一个人的个性。因此，判断一个人的个性，要从多方面做综合考虑，不能只凭某一特征来下结论。

个性是某个人所独有的、与众不同而又相对稳定的心理特征。因此，就像世界上没有两个指纹相同的人一样，世界上也没有两个个性相同的人。有人热情活泼、好交往，有人文静孤独、不爱接触人；有人为人谦虚、诚实，有人则傲慢、油滑。这种区别，都体现了人的个性不同。

人是存在于群体之中的，因此，培养自己的个性，就要考虑社会的整体性，不能一意孤行，脱离群体。

一个人的个性，有些是从父母那里遗传的，但是，更主要的还是在家庭、社会环境和教育的影响下，逐步养成和发展起来的。因此，人的个性既可以养成，也可以改变，问题的关键在于你自己的态度。

个性不等于独出心裁，如今的时代是个讲求个性的时代。很多人为了突出自己的个性，在形象上大做文章，苦心孤诣地将自己打扮成另类，比如染五颜六色的头发、穿大得惊人的衣裤、戴怪异的耳环等，这绝不是个性。

品格是个性中最重要的部分，高尚的品格可以使你的个性变得美丽诱人。高尚的品格，是从实际生活中锻炼出来的。品格的力量在于支持你战胜人生中的艰难险阻，甚至突破生理给你的限制，让你的生命放射出异彩。品格赋予你

鲜明的个性，赐予你事业的成功。

保持良好的个性，是一个人为人处世所必须考虑的问题。也许你认为，没有个性，为人更能随和，处世更能圆滑，但是，这种随和与圆滑，只能使你像一叶没有方向盘的扁舟，随波逐流，任人载乘。

没有个性的人，常常缺乏主见，没有自立的能力，做事总喜欢依赖和追随他人。尽管这样能使你变得轻松自在，但是却使你做事离不开拐杖。因此对你的事业毫无益处，正如有人所说的"一个人的悲剧，往往是由没有个性造成的"。

人的个性，常常受社会或他人的制约，但是，良好的个性，反过来又影响着社会的发展，对群体也具有感召力，从而使你魅力无穷，令人向往。

不仅如此，培养一种好的个性，还会对你的身体健康、家庭生活和工作事业起着一种重要的促进作用。事实证明，历史上许多伟人之所以能做出巨大的成就，与他们的个性有着重要的关系，比如像马克思、爱因斯坦、居里夫人等，都具有一种成就伟业的个性。因此，你的一生，不能忽视对美好个性的培养。

任何优良的个性特征，都不是一朝一夕形成的，都是通过自身的努力，在克服不良方面的干扰中逐渐形成的。具体而言，如何塑造和发展健全的个性呢？主要包括以下几方面的内容。

1. 择优汰劣，优化个性

个性塑造是为了实现个性优化，以达到个性健全。个性优化包括个性品质和个性结构的优化。择优即选择某些良好的个性品质作为自己努力的目标，如自信、开朗、勇敢、热情、勤奋、坚毅、诚恳、善良、正直等；汰劣即针对自己人格上的缺点、弱点予以纠正，如自卑、胆怯、冷漠、懒散、任性、急躁等。

2. 丰富知识，奠定基础

人的知识越广，人本身也越臻于完善。"读史使人明智，读诗使人灵秀，数学使人周密，科学使人深刻，伦理学使人庄重，逻辑修辞学使人善辩，凡有所学，皆成性格。"现实生活中，不少人的个性缺陷源于知识贫乏。无知容易粗鲁、自卑，而丰富的知识则容易使人自信、坚强、理智、热情、谦恭等。可见知识的积累与个性的完善是同步的。因此，我们除学好自己的专业知识外，要广泛阅读书籍，多方汲取知识，用丰富的知识来充实自己。

3. 小事做起，身边做起

"千里之行，始于足下。"个性优化就是要从身边的小事做起。一个人的言行往往是其个性的外化，反过来，一个人日常言行的积淀成为习惯就是个性。许多人所具有的坚韧、正直、细致、开朗等优良的个性特征其实都是长期锻炼的结果，是一点一滴形成的。从我做起、从小事做起、从身边做起，是每一个人努力的起点。

4. 融入集体，调整自我

集体是个性塑造的土壤，也是个性表现的舞台。个性发展、塑造的过程，正是个人社会化的过程，是个人与他人、集体、社会相互作用的过程。个性在集体中形成，在集体中展现。通过与他人交流，可以看到别人的长处、自己的不足，从他人那里获得理解、肯定的欢悦，及时调整个性发展的方向。

5. 把握适度，完善自我

把握个性发展和表现的"度"是十分重要的，否则就会"过犹不及"。具

体地说，应该是：坚定而不固执，勇敢而不鲁莽，豪放而不粗鲁，好强而不逞强，活泼而不轻浮，机敏而不多疑，稳重而不寡断，谨慎而不胆怯，忠厚而不愚蠢，老练而不世故，谦让而不软弱，自信而不自负，自谦而不自卑，自珍而不自娇，自爱而不自恋。把握个性优化的"度"还体现在个性优化的目标要立足于自己已有的个性基础上，实事求是地确立合理的、切合实际的个性发展目标。

没有个性或者太过平庸的个性都不能有所建树，因为这样的人不能把自己独特的品格表现出来，因而也就没有任何过人之处。与此相反，个性鲜明的人，往往有所专长，深入人心，成就不凡的事业。让你的个性闪光吧，让生命价值的光彩更加耀眼吧！

杨安谈心灵吸引力

　　◆独特的"个性"是一种能力，它是由你的个性所决定的，通过相互接触，对他人产生积极的影响。

　　◆健全鲜明的个性本身，就是一种无形的人格魅力。

　　◆个性形成的最重要的途径来自"自我升华"，这是一种锤炼过程的自我教育的升华。

第八章

如何增强你的气场

传递信念：穿透别人的意识围墙

何谓信念？信就是相信，念就是观念，你一定要相信自己的观念。但现在有的人已不容易去相信一件事或一个人了，更不要说相信一个观念。什么是相信？相信应是内在、没有根据的，就因为想要达成，才会有动力，而观念就是激励你朝目标、理想迈进的原动力。

"每天我们看到的事都是我们相信的事，我们听到的事也都是我们相信的事；我们看不到我们不相信的事，我们也听不到我们不相信的事。"虽然这几句话有点绕口，但却很有意思。当我们看到一件我们不相信的事时，我们不会相信那是真的；同理，当我们听到一件我们不愿意相信的事时，等于我们没听到。真正地相信、信念来自我们要去相信那样的观念。

人生的法则就是信念的法则，那是你心中拟定的理性的法则。没有人能免于失意挫折，而风平浪静地度过一生，信念恰在此时给你的行为带来无穷的动力，让你走出困境。那些没有信念的人，则很可能会失去动力，就此驻足不前。

坚守信念，是对所要达到目标的一种矢志不渝的决心。它以你所描绘的蓝图为"种子"，播在你的意识里，贯穿于你行为的始终。这颗种子会随岁月的流逝而慢慢生根，慢慢地成为一种习惯，慢慢地强化到所有的行为都为达成信念而建设。这时，信念就会形成一种强大的磁场，吸引你不

断地去为之努力。这时，你遇到挫折时就会不再恐惧，即使再大的障碍也能克服。

坚持自己的信念，不要因为外部环境因素的影响而左右自己成功的信念。当你想要逃避的时候，不妨在心中默念你的信念，它会给予你能力和智慧。不断地重复这种简单的行为，你会看到自己的改变，因为信念能打开想象的心锁，让你能够驰骋在理想的空间，然后，对信念更加坚定不移，用更加强大的心态去迎接生活和工作上的挑战。

仅仅有信念是不够的，你还要让别人了解这些信念。如何用语言和行动来传递你的信念，这将决定你的团队成员或者下属、顾客、亲友等对你会有什么样的期望，并能使他们做出一些重大的决定和判断。这些决定和判断不仅是关于工作中的方方面面，而且也是关于是不是该信任你的领导能力。

所以，你应该把你的信念明确地传递，让自己和他人都能对其有清楚的认识。首先，从短期效果来看，这样做可以在以下方面给你带来好处：

第一，避免那种"最后关头再说明"的领导方式。有些管理者总是让员工、同事和合伙人在最后一分钟才明白自己的看法和信念。有些人这么做是把这当作一种控制手段；有些人则用这种策略让人们对他翘首以盼。但员工在此之前会绞尽脑汁地猜测管理者的想法，或者会不辞辛劳地准备多种方案以应对突然宣布的决定，这一切都会消耗精力，而这些精力如果用在员工的工作中，则完全可以使他们干得更好。

清晰明确地表达出管理者的信念可以减少这种恐慌和惊讶，使人们知道你会做出什么样的决定、你认为什么重要、为什么这样认为以及他们可以怎样为团队做出最大的贡献并帮助团队获得成功。

第二，避免对士气和好意带来不必要的打击。如果你对下属说他们没有达到你的期望，而他们根本不知道你的期望是什么，那他们就会很受伤害，并且会有很多怨言。

第三，可以让员工一开始就能做出是否愿意和你共事的决定。吸引最合适的人加入你的团队，这是一个管理者的责任。一开始就清清楚楚地表明你的观念和信念是什么，以免工作起来彼此感觉不合适，那样既浪费时间，也会给彼此带来麻烦。总之，只有管理者清清楚楚地说明自己的信念，才能使他的团队发挥出最大的能量，作出最好的表现。

短期的好处固然不错，但向自己和团队成员明确你的信念还会给你带来长期的利益，而这对你的事业来说才是最重要的。拥有坚定的信念，并将其与他人分享，可以帮助一个管理者做到以下几点：

（1）绘制一种愿景。

（2）建立你的品牌。

（3）成功应对变动。

信念之于团队，就像军队的军旗，只要军旗屹立不倒。战士就会奋勇向前，旗手将军旗插到哪里，战士们就能打到哪里。换而言之，一个团队领导及其下属成员心中共同的目标有多高、信心有多足、恒心有多强，就决定了该团队的发展速度有多快、事业能走多远。信念虽然不等于成功，但信念确实可以为团队的成功逢山开路、遇水架桥。因此，不遗余力地传递积极的信念，这将帮你穿透别人的意识围墙，激发人的力量，调动人的积极性，充分开发人的智慧和潜力，坚定人的意志，影响和激励他人与你共同去完成任务、实现理想，甚至完成伟大的使命。

杨安谈心灵吸引力 ···

　　◆坚定的信念是成功的前提。

◆信念是成就人生的动力。

◆一个有信念者所开发出的潜能，远远大于99个只有兴趣者。

适当神秘：好奇心是人的本性

好奇心是人的本性，不熟识、不了解、不知道或与众不同的东西，往往会引起人们的注意。

由于好奇心的驱使，人类对于未知的事情，总爱刨根问底。例如，小孩子看见汽车在街上走动时，就马上问大人："汽车为什么能走呢？"当人们看到天空上方出现彩虹时，总爱问："天空为什么会出现这么美丽的东西呢？"当看见一台巨型的黑白电视机时，人们也会好奇："为什么这台电视机只有黑白色而没有彩色呢？"正是这种好奇心成了人类发明的动力。

人人都有好奇心，只是有的人好奇心特别强，有的人好奇心很弱。但是，人的好奇心是可以被激发出来的，可以让好奇心强的人更加好奇，让好奇心弱的人增强好奇。

企业一般都是利用人们的好奇心进行营销，我们也可以适当保持自己的神秘感，激发对方的好奇心。

很多成功人士都有一个共同的特点，就是很善于适当神秘，总是给人一种"雾里看花，水中望月"的神秘感，他们不会把自己彻底暴露在你面前。否则，你对他们的期待就会完全消失，因为当你看到他们的全部后，你对他们的好奇心也会全部消失。

生活中为了激起人的好奇心，而特意保持神秘的事例不计其数。

"人类最美的经验是神秘感，神秘感是一切真科学与真艺术的源泉。"

神秘感是指人们彼此之间由于不了解所产生的新鲜、奇特、神秘莫测等体验，它之所以能为人类带来如此美妙的体验，正是因为人皆有好奇之心，对于自己不甚了解的东西，大都有想要把它搞个清楚的冲动，在接触和摸索的过程中，如果彼此欣赏、怀有好感，就会产生持续的吸引力，直到这种神秘感消失。

在人与人的交往中，一个人对他人采取什么样的态度，多半取决于这个人对他人的了解。因此，要想在人前显得更富有吸引力，你需要让自己适当神秘。正是因为这种神秘性，别人才会对你摸不着头脑，对你也就无从采取对策。所以，要尽量少透露自己的个人信息，管好自己的嘴巴，"沉默是金"，神秘感会让你更有吸引力。

人们总说，得不到的东西总是最好的，在没有得到之前，总有丰富的想象空间和追逐目标的快乐过程，而且越是得不到的东西，越是值得朝思暮想。这个道理就如同是一种升值规律，两个刚认识不久的人一定会非常迫切地希望了解对方。但是往往双方一旦了解到一定程度，对彼此的兴趣也会随之冷却。这种情况在恋爱中体现得最为奇妙。

爱情的产生，往往首先来自神秘感，因为神秘所以向往从而产生吸引力。当你心驰神往某一美女或帅哥的时候，也许你并不是十分了解他（她），而且一般也没有发生什么近距离的接触。正是因为不够了解，有神秘感，所以才向往产生一段佳缘。

对于那些正在恋爱或将要进入恋爱的人来说，要使每次约会都有新鲜感并使对方对你持续抱有兴趣，一定要适当神秘，让对方对你捉摸不透却又心驰神往。

对于你的那个他（她），尽量不要说太多关于自己的事情，留出一段空白的岁月；若被邀请外出游玩，不妨告诉他（她）你很想去，但可惜已有其他

约会；男女约会后，在特定的地方分别，且绝对不跟对方说明理由；可以编造几件讨厌做的事，或者某个特别的癖好，让对方觉得你很神秘，搞不清楚你是怎么回事……

适当神秘，并不是指拉远距离，但却要注意保持合适的距离。

当然，神秘感不只限于恋人之间，在我们日常社交中，保持一定的神秘感也是必需的。不过，保持神秘感绝不是彼此隐瞒和欺骗，否则，会弄巧成拙，生出不必要的事端来。

怎样适当神秘呢？掌握一些与人保持适度距离的技巧有助于此。

1. 公开演说时演说者与听众应保持的距离

最适度的范围应在 3.7~7.6 米，这是一个几乎能容纳一切人的"门户开放"的空间，人们完全可以对处于空间的其他人"视而不见"，不予交往，因为相互之间未必发生一定联系。因此，当演讲者试图与一位特定的听众谈话时，他必须走下讲台，使两人的距离缩短为个人距离或社交距离，才能够实现有效沟通。

2. 社交性或礼节上的较正式关系的距离

近范围为 1.2~2.1 米；远范围为 2.1~3.7 米。在工作环境和社交聚会上，一般人们都保持近范围的距离。不同的情境、不同的关系需要有不同的人际距离。距离与情境和关系不相对应，会明显导致人们出现心理不适感。

3. 熟人交往的距离

近范围是 0.46~0.76 米；远范围是 0.76~1.22 米。这是人际间隔上稍有分寸感的距离，能相互亲切握手，友好交谈。

4. 人际交往中的亲密距离

近范围是约 0.15 米之内；远范围是 0.15~0.44 米，即我们常说的"亲密无间"。彼此间可能肌肤相触，耳鬓厮磨，以至相互能感受到对方的体温、气味和气息。远范围身体上的接触可能表现为挽臂执手，或促膝谈心，仍体现出亲密友好的人际关系。

适当神秘，不仅会激发人的好奇心，而且让你更加富有吸引力。适当神秘，何乐而不为呢？

杨安谈心灵吸引力

◆神秘感是促进感情交往的重要因素。

◆如果你能保持适当的神秘感，别人就很容易对你产生兴趣，进而把目光聚焦到你身上，这样你就能化被动为主动。

◆适当给自己制造一点神秘感，是吸引人好奇心的一种策略。

制造奇迹：行动才能启动力量

不少庸人都企盼奇迹自动发生在自己身上，比如一夜暴富、一举成名、一鸣惊人等。不过，这种企盼多数是在梦中实现的。欲成大事者则不同，他们不愿意用幻想来麻醉自己，因为他们知道人总会清醒的，幻想过后要面对的是幻想与现实间的巨大落差带来的巨大痛苦。与其如此，不如将承受巨大痛苦的时

间和精力付诸行动，用行动来制造奇迹。因为，即使再大的能量，只有行动才能启动力量。

奇迹随时都可以发生在你身上，只要你采取了有效的行动。在行动的过程中，量变渐渐引起质变，而每一次质变都将是你人生的一次飞跃。当这种飞跃不断持续下去时，奇迹便会发生。要知道，第一个大学生的老师一定不是大学生，第一个科学家的老师也绝不是科学家。只要敢于付出行动，你就能够成为某方面的第一，成为一个切切实实的奇迹。

有一句话说得好："行动产生奇迹。"你心里有了一个好的想法、一个好的计划，无论结果如何，你得先干起来再说。即使干蠢事也胜于呆立不动。做事情刚开始可能有点盲目，可是干着干着，事情的轮廓就出来了，心里有了底，越干就越顺手。

圣经上说："如果没有行动就等于死亡。"行动起来总会带来价值，没有行动就没有价值。只要你强迫自己迈出第一步，继续前进就不那么困难了，只要你立刻行动起来，再难的事情也会变得很容易。

有好多人总是眼睁睁地看着到手的机会跑掉，为什么呢？因为他们不敢行动，怕准备不充分，会失误；怕一脚迈不好，会跌倒。当他一切都准备好之后，却又时过境迁，再采取行动已经毫无意义了。

很多东西原本就是要在行动中去学习、去见识、去经历，不是事前可以准备的。你总是想到万事俱备时再行动，那时也许就永远行动不起来了。因此，一旦你确定目标，就要当机立断，大胆地去行动。

如果你想制造奇迹，必须凭勇气去征服未知的领域。不管有无风险，先干起来再说。在干的过程中，你才知道自己真正缺少什么，然后"从干中学习如何干"，通过实践培养成功必需的素质。即使失败，起码有经验可借鉴；何况，你也可能成功，从没有路的地方闯出一条路来。只要行动起来，你将发现，许多看上去很难解决的问题，远没有当初想象的那么难。

怎样用行动启动力量，制造奇迹呢？

问问自己：你知道你自己想要什么吗？你确定这真的是你最想要的吗？

这是两个关键题，如果答不出来，你的人生可能处于混乱中，更别提心想事成了。

启动制造奇迹力量的第一关——大声说出"我要"。就是要理清自己的愿望，且不断提醒自己。不然，这个愿望就会湮没在脑海中的千万条想法里。没错，是千万条！根据统计，每秒钟，大脑会处理高达四千亿位的信息，但我们只能意识到其中的两千位。换句话说，如果你的愿望没有不断在脑海里重复出现，很快就会被湮没。

你，要非常清楚向宇宙下的"订单"内容。越清楚，越容易"事成"。

如果你的想法很模糊，甚至逻辑打架，你发出的频率也将如此，得到的也将是混杂的结果。

启动制造奇迹力量的第二关——勇敢踏出舒适圈。

你明明知道自己很胖，运动很重要，却总是抽不出时间吗？

你很清楚负利率时代来了，钱会越变越薄，但你宁愿窝在沙发里看电视，也不把证件准备好，去银行开基金账户。

你的心想得已经够清楚了，为什么总是没有执行力？

要改变，你得先学会不断想象自己改变后的模样，让这幅美好的蓝图，强化你的改变动机，督促自己离开舒适圈，建立全新习惯，成就新愿望。

当你试着改变，新的惊奇、新的喜悦，会伴随着你的执行过程一块来到。

勇敢踏出舒适圈，前进！

启动制造奇迹力量的第三关——用正向频率导航。

眼看着快要跑到终点，怎么偏偏被路上的石头绊倒呢？明明你快要到终点

了，怎么总会突然杀出个程咬金，挤掉你的位子呢？

当你跌倒时，千万不能怀疑自己，因为负面频率一出现，就会相对吸引负面的人、事、物，让自己越挫越低落。

虽然据心理学研究，当人们遇到挫折时，九成以上的人会陷入负面情绪，但你仍然要学习调整自己，当那不到一成正向面对挫折的人。

这是可以练习的，在脑神经学上，人的思考模式是可以被塑造出来的。

如何面对挫折，其实只是一念之间。这已经是最后一段路了，加油！

现实在此岸，奇迹在彼岸，唯有用行动架起稳固的桥梁，你才能渡过中间湍急的河流。一旦行动起来，如果你决心成功，不达目的誓不罢休，你就会进入状态，你就会背水一战，你就会积累冲劲。冲劲将有助于你走向成功，因为行动起来的冲劲能够更容易地克服诸多障碍。一匹狂奔的战马，再大的障碍也很难阻止它前行。制造奇迹，指日可待！

杨安谈心灵吸引力

◆奇迹，并非可遇而不可求。一件很多人都说不可能甚至自己也产生过怀疑的事，通过一番刻苦努力最终成功，这样的奇迹并非没有。

◆成功制造奇迹者都有一个好习惯：一旦做出决定，马上就开始行动。因为拖延会产生许多负面的东西：惰性、猜疑、焦虑、自卑、恐惧……而行动中却能产生许多积极的东西：勇气、决心、自信、主动性、创意……

◆基于你的生命本质，奇迹是你的天赋权利。重要的是，你愿意为此付出积极的行动，并坚持下去。

拒绝平庸：追求人生的卓越

　　每个人都希望自己能出人头地，拥有精彩的人生。然而，很多人一辈子却庸庸碌碌，没有任何作为。很多人只满足于过一种温饱无忧的生活：找一份稳定的工作，每天总是做同样的事情，一直到老。他们以为人的一生所能做的也就只能是这么多了。

　　而那些拒绝平庸，追求卓越的人不满足于现有的成就，他们以批判的态度审视自己，把他们现在的地位和他们所期待的位子进行比较，并以此激励自己不断努力。

　　只有拒绝平庸，才能造就卓越。造物主赋予我们每个人一种突出的才能，你也许有管理的才能、绘画的天赋、写作的悟性、思考的资质……无论你的特长是什么，都不应该将它们藏起来，而应该积极地发挥出来，并发挥得淋漓尽致。如此，你才不会被平庸的心态湮没，才不会白白葬送自己的天赋。

　　"拒绝平庸，追求人生的卓越。"这是一句值得我们每个人一生追求的格言。

　　只有拒绝平庸，追求人生的卓越，我们才会对生活有所追求，才能使我们热血沸腾、干劲十足，才会使我们加倍努力。

　　如果没有理想，没有事业心，那就只能庸庸碌碌地度过一生。不管你有多大的才干，没有远大的理想和抱负，不愿行动，势必会自我埋没。

　　人可以平凡，但不能平庸。只要拒绝平庸，即使再平凡的岗位，都可以成就不凡的事业，达到卓越的目标。

　　因为，人的潜能是一座巨大的能量宝库，取之不尽、用之不竭。如果我们

拒绝平庸，就能深入到内在力量的深处，寻找到生命的源泉。一旦饮得这生命的源泉，就不会再疲乏困倦，可以以卓越的素质走向成功之路。

拒绝平庸，追求人生的卓越，可以激发人的潜能，帮你成就你的梦想，成就不朽的事业。世界上那些碌碌无为的人中，有些人虽然到了山穷水尽的地步，但在这些人的体内同样有着巨大的潜能，只要激发他们体内的一小部分潜能，就可以成就他们伟大的、神奇的事业。

翻开那些获得成功的卓越者的人生阅历，你会发现，他们每一个人都各有一套卓越的目标，都已订出达到目标的计划，并且花费许多心思、付出许多努力来实现他们的卓越目标。

如果你知道你希望得到的是什么，如果你对达到自己的目标的坚定性已到了执着的程度，而且能以不断地努力和稳健的计划来支持这份执着的话，那你就已经在激发你的潜能了。

拒绝平庸，追求人生的卓越的目标是你努力的依据，也是对你的鞭策。拒绝平庸，追求人生的卓越的目标给你一个看得见的彼岸。随着这些目标的不断实现，你就会有成就感，你的心态就会向着更积极、主动的方向转变。

拒绝平庸，追求人生的卓越的目标使你看清使命，产生动力。有了卓越的目标，自己心目中的世界便成了一幅清晰的图画，你就会集中精力于你所选择的方向和目标上，因而你也就会更加热心于你的目标。

拒绝平庸，追求人生的卓越，从理想、目标开始。凡卓越能成大事者都执着于自己的目标，激发自己的潜能，努力实现目标。如果你心中有了理想，你就会感到生存的重要意义：如果这个理想是由一个个目标组成的，那么，你就会觉得为目标而付出是有意义的。一句话，明确的目标会使你感受到生存的意义与价值。

成功不是做了多少工作，而是获得多少成果。目标使你集中精力、激发潜能，把握现在、成就未来。

"我们的未来开始于我们的欲望。"欲望是人生达到目标的动力。拒绝平庸，追求人生卓越的人都将自己的人生目标化成一股强烈的人生欲望，燃烧自己的欲望，激发无限的潜能。在面对一份工作的时候，如果你的表现证明，你比其他对这份工作有兴趣的人更渴望得到它，那么这就是欲望的表现，现实中，越来越多的公司开始意识到人才对工作的欲望是成功的关键。在这种欲望的驱使下，他们往往表现得更为出色，更受优秀企业的欢迎。

欲望能激励一个人做自己真正想做的事情，充分发挥个人的潜能，在工作中实现预期的高质量的工作标准。燃烧你炙热的欲望，让它化作你成功路上的无限潜能。

是以辉煌的成就度过人生，还是在屈辱中熬过日子，就看你是否能拒绝平庸，追求人生的卓越，在潜能爆发中铸就一个更成功的自己。

要拒绝平庸，追求到人生的卓越，至少要做到以下几点：

一是有高远目标，有拒绝平庸，追求人生卓越的强烈追求。

二是埋头苦干，不推脱，不敷衍，尽全力，超越永远凝结着勇气与汗水。成功者和失败者的分水岭就在于：卓越者无论做什么，都会全力以赴、精益求精、力求达到完美；而平庸者总是胸无大志，做事心志不专、马马虎虎、随随便便。

三是不断学习。学习的质量往往决定今后工作的质量，而工作的质量往往会决定你的生活质量。所以，在学习中你应该严格要求自己，能做到最好，就不能允许自己只做到次好；能完成100%，就不能只完成99%。"取法其上得其中，取法其中得其下。"不论你的成绩是中等还是上等，你都应该保持勤奋和永不知足的精神。每个人都应该把自己看成是一名杰出的艺术家，而不是一名平庸的工匠，永远带着热情和信心去学习。

每个人都有无尽的潜能，只要我们将它充分地发挥出来，就能化失败为成功，化怯懦为信心。但若甘于平庸，则宝藏便像撞上冰山的"泰坦尼克"号一样，永沉洋底。只有当你拒绝平庸，追求人生的卓越，不懈运用自己内在无限的潜能去努力创造时，你才变得真实而有价值，进而登上理想的巅峰。

杨安谈心灵吸引力

◆对于那些不满足现状、碌碌无为的人，机会是可望而不可即的。只有那些拒绝平庸、追求卓越的人，不肯轻易放过机会的人，才能看得见机会。

◆只要你拒绝平庸，追求人生的卓越，你就会心存改进的愿望，你就会更愿意付出艰苦而有效的努力，那么你的追求会一一成为现实。

◆当你树立了只走1千米路的目标，在完成0.8千米时，便会有可能感到疲倦而松懈，以为反正快到目标了。但如果你的目标是要走10千米的路程，你便会做好思想准备和其他准备，调动各方面的潜在力量。这就是卓越者和平庸者的区别。

学会组场：调动情绪和气氛

所谓组场，就是组织会场。工作中，会议常有，组场也是常见的事。学会组场能大大提高思维能力的敏捷度、口头表达能力的灵巧度、应变能力的高超度。成功的组场能大大提高会议目标的执行力和团队行动的效果。

怎样才能成功组场呢？重要的是调动情绪和气氛。

任何人主持会议，当然都希望吸引与会者，调动与会者的积极性，使他们更多地接受会议精神。因此，针对不同的会议，把与会者的情绪和会场气氛鼓动起来，刺激与会者的兴奋点和吸引其注意力，就是成功组场过程中充分发挥语言艺术的一个重要课题。

会议有不同的类型，有不同的要求，作为主持者就要因会制宜，区别对待，在语言的运用上赋予不同的感情色彩。譬如在庄严的会议上，语言则应注意严肃性、规范性；在欢庆会上，语言则应热烈喜庆；在工作部署会上，语言应清晰、准确、明快；在动员、誓师会上，语言就必须富有鼓动性，以提高人们的决心与信心、干劲和勇气。不同的语言，应和不同的会议、不同的气氛相协调、相配合、相一致。

在会议上，调动团队成员情绪，要靠真情实感来产生共鸣。不能大喊大叫，捶胸顿足；不能巧言令色，甜言蜜语：也不能低眉顺眼，博取同情。要具有真实的语言、真实的感情，才能获得与会者的信任、理解和尊重。

根据生理学与心理学专家的研究，多数人在会议进行过程中的生理心理状况可分为三个阶段。

第一阶段：从会议开始至会议进行到第45分钟，为与会人员脑力集中阶段。

该阶段初始的三五分钟。参加会议人员的注意力将由会前的分散到集中、松弛到正常，逐渐地适应会议环境，过渡到集中精力于会议本身。这一过渡期时间很短，速度很快。因为人们急于了解今天的会议要讨论什么问题，或者是由谁主持、由谁讲话。人们知道，会议一开始总是要由主持人宣布、说明会议议题与会议要求的。人们的注意力集中到会议议题以后，可以维持四十几分钟，多则不超过一小时，因为，一般人在生理上产生疲劳的界限是一个小时左右。

第二阶段：从会议进行到 45～75 分钟，为参加会议人员注意力下降阶段。

这个阶段，人们的注意力明显下降，开会情绪松懈，会场上会出现窃窃私语和轻微的骚动。例如，原来是正襟危坐，现在纷纷在调换姿势，以求舒适一点儿；原来是目不转睛集中听发言，现在左顾右盼，东张西望；原来只把视觉集中在发言的人，现在则要随便地留心一下会场里他人的表情、动作，甚至与熟人递个眼色、点头等。

第三阶段：会议进行至两个小时以后，为参加会议人员态度无所谓阶段。

在这个阶段，与会者的自我感觉恢复到了低思维活动能力水平的稳定状态，对会议讨论问题的注意力比较集中，情绪较稳定。但由于会议连续进行了两个多小时，与会者对所讨论的问题既不积极，也不消极。加之盼着快点散会，对会议形成什么样的决议抱无所谓态度的人就多起来，甚至有人会对争论问题表态说："怎么定都行，快点儿定下来就是了。"他们已不愿再陈述个人已经发表过的意见或修正自己原来的意见。

当然，上述人体心理活动特征只是对一般情况而言，是指人的生理状况对其精神、心理产生的影响，并没有充分考虑人们对议题的兴趣、会上讲话者的水平等因素，没有充分考虑人在许多情况下出现的能动性的发挥。

会议的组织者应采取措施，通过合理的时间安排以追求会议高效率。会议时间尽量要短是人们普遍的心理要求。这一方面是从时间价值考虑的，另一方面则是从与会人员心理要求的角度考虑的。会议时间超过一小时这一脑力最佳状态界限，由于疲劳感，人们盼望会议早点结束，就可能影响会议做出有效的决定。

因此，一般的部署工作、研究日常工作的办公会、情况碰头会，应尽可能在一小时左右的时间内开完，简明扼要、干净利落、不拖泥带水。对于议题多或讨论重大问题的会议，确需较长时间，可划分为几段，使一次会议变成若干次小会，每段各有中心，一段进行完了，有适当的休息时间，使与会人员疲乏的精力得到恢复、紧张的思维得到调节后再进入下一段。这样，给与会人员一种新开会的心里感觉，以减弱长时间开会造成的心理上的消极影响。需要数天时间的会议，会议更要短。因为，这里有一个重要的心理因素，就是与会人员开会时间长了，会产生厌倦情绪，而且对单位工作放心不下，急于结束。

总之，成功组场，调动与会者的情绪和会场气氛，不是靠大喊大叫，粗声厉气。而是根据多数人在会议进行过程中的心理状况有的放矢地安排内容，才能更好地引起与会者的共鸣，实现组场开会的既定目标。

杨安谈心灵吸引力

◆会议的顺利进行有赖于良好气氛的营造，精彩的开场白可以使与会者感到要讨论的是与人们切身利益相关的问题或是大家共同关心的问题，这样就能刺激与会者的积极情绪和吸引其注意力，充分调动各种积极因素，将会议导向圆满成功。

◆开场白要陈述的包括会议主题、目的、意义、议程和开法等内容是必不可少的，但绝对不是要囿于程式，不加以变通，而是要根据实际，因"境"制宜，灵活安排。

◆会议的类型多种多样，不同会议所需的气氛也不同。征求意见会要求各方畅所欲言，集思广益，需要的是生动、热烈的场面；研究解决问题的会议需要的是严肃、庄严的气氛；欢迎会上语言要热情洋溢；欢送会上，言语中就要流露出依依惜别之情。

气质特征：构成气场的基础因素

任何人都有着属于自己的气场，并且每个人的气场都是非常独特的，它也是每一个人的特殊标签，是能够散发出独特感觉的标志。每一个人的气场不尽相同，一些人的气场是紧绷的，一些人的气场是漠然的，一些人的气场是情绪高涨的，一些人的气场是温和的……所以人们自身的气场所能发挥出来的能力也是有大有小的。

当我们在与他人交往的时候，首先可以感受到的便是对方的气场。构成气场的基础因素主要是气质。通过对气质特征的了解，可以使你在大多数的情况下，并不需要对对方进行深入的了解，甚至无须让对方开口说话，就能对他人有一定的认识与判断。

气质是人生来就具有的典型的、稳定的、表现在心理活动的强度、速度、灵活性与指向性等方面的一种稳定的心理特征，它反映了人格的自然属性。对于气质的总体特征可以从以下几个方面理解。

1. 动力性

气质主要反映了心理活动在速度、强度、稳定性和指向性方面的动力特点。在心理活动的速度方面，主要表现为知觉、记忆、思维的速度和情绪变化的速度等；在心理活动的稳定性方面，主要表现为注意的稳定性和情绪的稳定性等；在心理活动的强度方面，主要表现为意志力的强度和情绪体验的强度等；在心理活动的指向性方面，主要表现为内向或外向等特点。

应当指出，人的心理活动的动力特点除了受气质影响，还与人的心理活动的内容、目的、动机有关。例如，不论什么气质的人，遇到高兴的事，都会情绪高涨，遇到不愉快的事总会情绪低落。

2. 典型性

气质使人的全部精神活动都染上独特的色彩，表现出与他人不同的典型特点。具有某种气质的人，会在不同情境中表现出相同性质的心理活动的动力特点。例如一个性情急躁的人，在争论时，会情绪激动；在探究问题时会急不可待地要了解探究的结果。

3. 稳定性

气质依赖于生物组织而存在，具有稳定性，所以在一般情况下，它不会因活动的情境发生变化而变化。在环境和教育的影响下，可能有所改变，但其变化很慢，相对于其他心理活动来说，几乎看不出其变化。

俗话所说的"禀性难移"，即指气质具有稳定的、不易改变的特点。气质虽具有稳定性，但却不是固定不变的。在生活过程、教育以及实践活动中形成的各种个性特征，对气质都会产生影响，后天所获得的暂时联系系统，可以掩盖神经系统的特性，并在长期影响下使其得到发展和改造，这使得气质也具有一定程度的可塑性。

4. 天赋性

气质是与生俱来的。婴儿一生下来就存在着明显的气质差异。例如，有的婴儿生下来就哭声响亮，对外界刺激的反应迅速；有的则比较安静，对外界刺激的反应缓慢。这种心理活动的特点，在今后的游戏、学习、人际交往中都会表现出来。

气质的天赋性还表现在气质特性与遗传有密切关系。同卵双生子的气质特点要比异卵双生子更相近，即使将他们出生就分开抚养，他们仍然会保持原来的气质特点，变化不大。

每个人出生时就具有某种气质，它受人的神经系统特性的影响。人的气质不受个人活动的目的、动机和内容的影响，在目的、内容不同的活动中，人的气质特征都会以同样的方式表现出来。例如，具有安静迟缓气质特征的人，无论在参加考试、当众演说或参加体育比赛时都会表现出来。所以人的气质是最稳定、最牢固的心理特征。当然人的气质也不是一成不变的，但是较之其他心理特征，它的变化要缓慢得多。

人的气质通常分为胆汁质、多血质、黏液质和抑郁质四种气质类型。

胆汁质的人感受性低而耐受性高，因此，精力旺盛，不知疲劳，能以极高热情去工作。情绪兴奋性高，抑制能力差，易冲动，心境变化剧烈，脾气暴躁，不易遏制，直爽热情，行为外向。

多血质的人感受性低而耐受性高，言语、情绪、动作反应速度快而强烈，因此，活泼好动、灵活、善交际、容易适应条件的变化，机智敏锐，能迅速把握新事物，注意力易转移，情绪来得快、消失得快，性情急躁，兴趣多变换，不太稳定，行为外向。

黏液质的人感受性低而耐受性高，情绪兴奋性低，明显内向，能在各种条件中保持平衡。做事冷静有条理，踏实而平稳，但易循规蹈矩。动作反应慢而不够灵活，注意力稳定，沉默寡言，交际适度。

抑郁质的人感受性高而耐受性低，情绪感受性高，敏感，内心体验深，极为内向，胆怯、孤僻、寡欢、反应速度慢，具有刻板性和不灵活性，易受挫折，防御性反应强，认真、细致、机智、多疑、多虑。

但是，每个人的气质并不单纯地属于某个类型，而是多种类型的混合，只是比较偏向于其中的某一类型。判断一个人的气质类型，应该考察其主要气质和其他气质之间的关系，简单地说某个人是何种气质类型是武断的。

现实生活中不同气质类型的表现各不相同。

比如同样都是对老板的批评不服气，不同气质类型和特征的人表现的方式是大不相同的。

胆汁质的人马上暴跳如雷。与批评者争吵起来，并说出些不考虑后果的话；多血质的人立刻明白问题来自什么地方，在接受老板批评的同时，又婉转幽默地进行了解释；黏液质的人表面上不动声色，心里却生闷气；抑郁质的人情绪十分沮丧，夜不成寐，思想包袱沉重。

而同样是面对疾病痛苦，胆汁质的人可能无所谓；多血质的人可能面部的痛苦表情十分丰富；黏液质的人可能不声不吭；抑郁质的人可能焦虑不安。

由于不同气质类型的人气质特征的差别，因此他们对待事物的反应是不同的，而这种反应的差别很可能带来不同的后果，比如胆汁质的人既影响了自己的情绪，也影响了对方的情绪，将事情闹得很不愉快，问题也没有得到解决；而多血质的人处理问题则理智得多，相对来说问题将会得到较为有利的解决；黏液质的人容易压抑自己，而对方却不了解他受到了委屈，不利于彼此的沟通；抑郁质的人任何努力都还没做，自己就已经先放弃了，同时也得不到对方的理解。

一个人更明确地了解自己的气质类型和气质特征，就能更好地调节自己的情绪和行为，更好地了解别人，更好地适应社会环境和生活。

杨安谈心灵吸引力

◆气质虽然在人的社会实践活动中不起决定性作用，但它能影响活动

进行的方式和效率。

◆气质只说明一个人心理活动的动力性特征，并不能说明这个人的信念、观点、兴趣特征，它不是一个人社会价值大小的标志，也不决定个人的潜能，各种气质不同的人在同一种活动中都能够取得非常好的成就。

◆气质的特点表现在极其不同的各种环境中，即表现在一个人怎样说话，怎样与别人交往，怎样表现喜悦和痛苦，怎样工作和休息，怎样走路以及怎样对待周围所发生的各种事情。它使一个人的心理活动都染上了个人独特的色彩。

绝对自信：首先要自己相信自己

自信是什么？自信就是面对困难，对自己能力的充分信任，就是战胜困难的必胜信念。自信是人际交往、事业成功、工作顺利的重要法宝。自信是一个人立足社会、闯荡社会、回报社会的基本条件。失去自信，一个人就会颓废堕落，就将一事无成。

"自信是迈向成功的第一步"。要想成功，首先就要自己相信自己。梦想成功的人，面对荆棘丛生的生活海洋，只有带上自信，满怀希望，才能乘风破浪，从黑夜走向晨曦，从险滩恶水驶向碧水蓝天……

人的大脑的反应可以分为两大类：兴奋反应和抑制反应。当对战胜困难有自信的时候，大脑发生兴奋反应，使得整个神经系统活跃起来，人体的各种潜能就得到充分的发挥。反之，当丧失自信的时候，大脑产生抑制反应，整个神经系统就处于疲倦状态。这时，人就如同一只斗败了的公鸡，不要说发挥潜在的能力，就是抬起头来看一下对手，也需要很大的勇气才能做到。

当人们自己相信自己时，总是神采奕奕、精神焕发。即便在生活中遇到了困难和挫折，拥有自信心的人也能够用积极的心态去应对。

自信可以给人带来好运，让人充满斗志，让人敢于面对命运给予的一切磨难。让心灵开路，在自信的引领下登上成功的顶峰。

与金钱、势力、出身相比，自信是更有力量的东西，是人们从事任何事业最可靠的资本。自信能排除各种障碍、克服种种困难，能使事业获得完美的成功。自信者往往都承认自己的魅力和相信自己的能力，总是能够大胆、沉着地处理各种棘手的问题。

"自信是成功的第一秘诀。"阿基米德、居里夫人、伽利略、张衡、竺可桢等历史上广为人知的科学家，他们之所以能取得成功，首先因为有远大的志向和非凡的自信心。一个人要想事业有成、做生活的强者，首先要敢想。敢想就是确立自己的目标，就要有所追求。不自信就不敢想，连想都不敢想，当然谈不上什么成功了。著名数学家陈景润，语言表达能力差，教书吃力，不合格，但他发现自己长于科研，于是增添了自信心，致力于数学的研究，后来终于成为著名的数学家。

下面介绍生活中几种增强自信的简易方法，经常运用这些方法锻炼，就一定能成为充满自信的人。

第一，准备再准备。建立自信最好的方法，就是投注个人全部的能量。一而再、再而三地努力。很多人在觉得自己并不擅长某项挑战或任务的时候，就认为努力是无效的，轻易选择放弃。逃避只会让你陷入"生疏—挫败—没有信心"的恶性循环。反复练习，乍看是个笨方法，但却是卓有成就的好方法。试着在风险较小的安全状况下练习，一次次地实践，既能增进能力，又能建立自信。

第二，走你自己的路。人们往往过度在意别人怎么想，想要面面俱到地迎

合别人。把过多的精力放在考虑别人怎么看待自己及自己的工作表现上，却忘了回过头来查看自己独特的观点和价值。有无信心的具体差别在于，自信的人不仅愿意实践，也很清楚他们不知道也不可能知道每一件事。

第三，寻求支持反馈。不要让害羞绊住你，如果你需要获得肯定，不要羞于启齿。

第四，勇于冒险。展现你的长处是很聪明的策略，但小心错过接受新挑战的机会。不去尝试，往往不知道自己做得到。去做那些你不认为你可以做到的事。即使失败，对于建立信心也是非常有帮助的。

第五，要正确对待过去所发生的一切，尤其是要努力从过去的心理创伤中摆脱出来。不要总是责备自己。要学会这样的思想方法：当自己一想到过去不愉快的事时，就迅速转移目标，经常用愉快的事情来调节自己。学会改变自己内心的忧愁，是消除自卑产生的基础。

第六，要做好坐在前面的思想准备。不论是什么样的集会，总是后面的座位先坐满。许多人愿意坐到后排，那是因为自己不想为人注目，不想引人注意，这是由于缺乏自信心的缘故。你要反其道而为之，坐到前面去，给自己带来信心。

第七，养成盯住对方眼睛的习惯。正视对方的眼睛，无异于在向对方说明，你所讲的我是懂的，你对于我不是居高临下，而是平等的，我对你并没有什么惧怕心理，我有信心赢得你的敬重。

第八，主动和别人说话。养成主动与人说话的习惯也很重要。越是主动和人谈话，信心就越强。以后与人交谈就越容易了。闭门独思、自我封闭的态度，无异于对自信心的扼杀。

第九，默念经过时间检验的谚语来增强自信心。默念诸如"有志者事竟成""积少成多，聚沙成塔""黑暗中总有一线光明""错误是难免的""说不行的人永远不会成功"之类的谚语。在你开始怀疑自己的能力时，就去想一想这些谚语，并对之深信不疑，此时，自信心就会倍增。

第十，要放声地笑，不要笑而不露。笑能给人增添信心，表明了"我有信心，我是一定能行的"。但要记住，培养起自己对事业的必胜信念，并非意味着成功就能唾手可得。因为自信不是空洞的信念，它是以学识、修养、勤奋为基础的，缺乏自信则是以无知为前提的。前者令人尊敬，后者受人嘲讽。

我们无论做什么事情，都需要自己相信自己。只有自信，才能产生勇气、力量和毅力，才能激发内心无穷的潜能。成功和幸福的全部奥秘就在于坚信我们会成为理想中的人物，就在于坚信我们能使自己努力从事的事业获得成功。

杨安谈心灵吸引力

◆自信是一种对自己有所肯定的信念，是一种坚强意志和坚韧毅力的体现，更是一种激励自己不甘失败的勇气。

◆自信是孕育成功的种子。成功的人生，需要自信做基础。

◆自信不同于自以为是或自以为了不起的自负，也不是狂妄的扬扬自得；它是自卑、自馁的反面，源于自立、自理、自重、自尊。

内心强大：让人感受到意志力

意志力是实现某种目的而产生的心理状态，并通过语言和行动表现出来，它是人们改造客观世界和主观世界，以及发展自身能力不可缺少的因素。人们的一切活动都是意识的活动，而意识活动是由人的意志支配的，特别是人在生

产创造性劳动中，突出地反映了意志的作用。

在人生的道路上，是知难而进还是知难而退，是锲而不舍还是半途而废，主要由一个人的意志来决定。大凡成功者，他们都有一个共同的特点，他们都具有坚强的意志，这种意志力是强大内心的基石。

没有人会平安度过一生的，尤其是想有所成就的人，他们遇到的挫折会更多。他们若没有强大的内心、坚强的意志，他们的理想是不会实现的。

意志力具有三方面特性：意志的顽强性、意志的果断性和意志的忍耐性。

意志的顽强性是指面对困难和挫折，能够迎难而上。困难越大，挫折越多，斗志越旺盛，干劲越足，越有一种不达目的誓不罢休的决心、勇气和闯劲。

意志的果断性是当机立断，坚决地下决心做出决断。在决策和处理问题时，善于选择时机；在时机成熟时，能够立即做出决定采取行动；在紧急情况下，能迅速采取应付紧急情况的措施；当情况发生变化时，或发现自己的决策失败时，能够立即停止行动，改变已做出的决定，而不是优柔寡断。

意志的忍耐性是指一个人一旦确定奋斗目标，就持之以恒地坚持到底，努力促成其实现的心理品格。

人的内心之所以没能强大起来，就是因为在适当的时候缺乏意志力。这一点是不成功者的致命弱点。

克服任何一个障碍，都离不开坚强的意志力。面对任何一个艰难的抉择，都要依靠内心的力量。人的意志力并非是生来就有、不可改变的，它是一种能够培养和发展的技能。如何培养自己坚强的意志力呢？下面几条不妨一试。

1. 主动出击

一个人主动下决心培养自己的意志力，比被他人强迫培养效果要好得多。

所以，首先你要意识到自己的意志力比较薄弱，并愿意改变它。你要不停地暗示自己："我决心培养坚强的意志力，我正全身心地投入到树立意志的行为之中，主动的意志力能让我克服惰性，挑战自我！"

2. 强化正确的动机

人们的行动都是受动机支配的，而动机的萌发则源于需要的满足。什么也不需要或者说什么也不追求的人，从来没有。人都有各自的需要，也有各自的追求；由于人生观的不同，不同的人总是把不同的追求作为自己最大的满足。伟大的目的产生伟大的毅力。从奥斯特洛夫斯基和张海迪身上，我们可以充分地看到，崇高的人生目的怎样有力地激发出坚韧的毅力。

3. 从小事做起，可以锻炼大毅力

生活一再昭示，人皆可以有毅力，人皆可以锻炼毅力，毅力与克服困难相伴而生。克服困难的过程，也就是培养、增强毅力的过程。毅力不很强的人，往往能克服小困难，而不能克服大困难；但是，积克服小困难之小胜也能使人具备克服大困难之毅力。

4. 培养兴趣，能够激发毅力

兴趣是毅力的门槛。一个人一旦对某种事物、某项工作发生内在的稳定的兴趣，那么，令人向往的毅力不知不觉来到他身边，也就成为十分自然的事情。

5. 由易入难，既可增强信心，又能锻炼毅力

有些人很想把某件事情善始善终地干完，但往往因为事情的难度太大而难

以为继。对毅力不太强的人来说，在确定自己的奋斗目标、选择实现这一目标的突破口时，一定要坚持从实际出发，由易入难的原则。

以完成一些事情来开始每天的工作是十分重要的，不管这些事情多么微小，它会给人一种获得成功的感觉。这种感觉无疑有利于毅力的激发。

6. 思想与意志力相辅相成

伟大的思想来自意志的力量，但思想对意志力也有反作用，只有将注意力集中到你的意志力上，你的意志力才能提升。换言之，你必须记住一句话，并且时刻提醒自己："我决心要获得强大的意志力！"

7. 对某一部位的训练会使其他部位受益

目标明确的锻炼身体能够增强意志力。

8. 洞察力增强意志力

意志力的崩溃往往从细微的感觉开始。感官是我们探索意志的最佳工具，然而，能充分注意自己的感觉，又能很好地利用自己感觉气场的人太少了。洞察力的增强也能有力提升意志力。

9. 观察是提升意志力的必要条件

对于某些人来说，他们总是会被身边的各种变化所左右，因此，提升意志力还要进行观察的训练。要时刻观察自己是否有放弃的征兆，一旦征兆出现，就要在第一时间消灭这种念头。

10. 选择方法

培养、锻炼坚强的意志力的最佳方法，是坚持每天践行一次你不喜欢但有益于你的行动。如果你讨厌长跑运动，那你可以每天慢跑十分钟。要注意的是，训练时间不宜过长，应循序渐进，否则时间长了可能会起反作用。

11. 通过训练使意志力成为习惯

意志力需要训练。我们需要进行系统的意志力训练，在自己的脑海中把意志力作为一个永远追求的目标。

12. 训练效果取决于合理安排

意志力的训练效果很大程度上取决于训练的活动安排，不仅要有科学合理的训练，还要有休息，做到劳逸结合。意志力训练不能一曝十寒，合理科学的安排才能真正提升你的意志力。

13. 培养预期的心境

只有当你自信能够成功的时候，你才会坚持不懈地追求成功。换言之，当你开始做一件事情的时候，你必须坚信你能够成功。任何怀疑和动摇，都会让你的意志力大打折扣。

成败往往全系于意志力的强弱。具有坚强意志力的人，就会拥有强大的内心，无论他们遇到什么艰难险阻，最终都能克服困难，消除障碍；但意志薄弱的人，一遇到挫折，气场就会先于自己退缩，最终必将归于失败。拥有了坚定的意志，你也就拥有了坚不可摧的强大心灵。

杨安谈心灵吸引力

◆如果一个人的意志力坚如磐石，那么他的气场也会所向披靡，他所

面对的一切困难才可能迎刃而解。

◆坚持就是力量，只要养成习惯，持续下去，在不知不觉中，就能够培养出滴水穿石的意志力。

◆一个能够掌控自己意志的人，是具有强大内心的人。强大的内心可以帮助一个人达成目标，实现人生的价值。